航天科技图书出版基金资助出版

激光-电弧复合焊接技术

赵耀邦　檀财旺　冯杰才　宋晓国　著

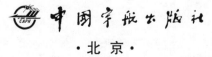

中国宇航出版社
·北京·

图书在版编目（CIP）数据

激光-电弧复合焊接技术 / 赵耀邦等著．－－北京：
中国宇航出版社，2021.10

ISBN 978 - 7 - 5159 - 1988 - 1

Ⅰ.①激…　Ⅱ.①赵…　Ⅲ.①激光焊②电弧焊　Ⅳ.
①TG456.7②TG444

中国版本图书馆 CIP 数据核字(2021)第 213391 号

责任编辑　赵宏颖　　　　封面设计　宇星文化

出　版
发　行　　**中国宇航出版社**

社　址　北京市阜成路 8 号　　　邮　编　100830
　　　　　(010)68768548
网　址　www.caphbook.com
经　销　新华书店
发行部　(010)68767386　　　　(010)68371900
　　　　　(010)68767382　　　　(010)88100613(传真)
零售店　读者服务部
　　　　　(010)68371105
承　印　天津画中画印刷有限公司
版　次　2021 年 10 月第 1 版　　2021 年 10 月第 1 次印刷
规　格　880×1230　　　　　　　开　本　1/32
印　张　7.75　彩　插　12 面　　字　数　223 千字
书　号　ISBN 978 - 7 - 5159 - 1988 - 1
定　价　80.00 元

本书如有印装质量问题，可与发行部联系调换

航天科技图书出版基金简介

航天科技图书出版基金是由中国航天科技集团公司于2007年设立的，旨在鼓励航天科技人员著书立说，不断积累和传承航天科技知识，为航天事业提供知识储备和技术支持，繁荣航天科技图书出版工作，促进航天事业又好又快地发展。基金资助项目由航天科技图书出版基金评审委员会审定，由中国宇航出版社出版。

申请出版基金资助的项目包括航天基础理论著作，航天工程技术著作，航天科技工具书，航天型号管理经验与管理思想集萃，世界航天各学科前沿技术发展译著以及有代表性的科研生产、经营管理译著，向社会公众普及航天知识、宣传航天文化的优秀读物等。出版基金每年评审1～2次，资助20～30项。

欢迎广大作者积极申请航天科技图书出版基金。可以登录中国航天科技国际交流中心网站，点击"通知公告"专栏查询详情并下载基金申请表；也可以通过电话、信函索取申报指南和基金申请表。

网址：http://www.ccastic.spacechina.com

电话：(010) 68767205，68768904

前　言

　　优质、高效、低成本的焊接方法一直是焊接工作者不懈的追求，激光-电弧复合焊接便是其中最有发展前景的先进焊接方法之一。自英国帝国理工大学 W. Steen 教授于 20 世纪 70 年代末提出了激光-电弧复合焊接的思想以来，激光-电弧复合焊接就成为各国焊接学者竞相研究的热点问题，现已部分用于航天、高速列车、造船、压力管道等工业生产领域，具有良好的发展潜力。随着激光-电弧复合焊接技术的快速发展，亟待将这些研究成果进行归纳总结、梳理提炼，形成较为完整的激光-电弧复合焊接技术体系，指导激光-电弧复合焊接技术的实际工程应用。中国是激光-电弧复合焊接技术的研究大国和使用大国，因此系统性地整理并出版此书正逢其时。

　　从 21 世纪初开始，哈尔滨工业大学先进焊接与连接国家重点实验室激光焊接课题组便在国内较早地开展激光-电弧复合焊接技术研究，本书几位主要作者师从陈彦宾教授，开展激光-电弧复合焊接相关课题研究及学位论文撰写，毕业后或在工业界推广激光-电弧复合焊接工艺应用或在高校从事激光焊接相关教学与科研工作，可以说本书汇聚了多年来激光-电弧复合焊接学术界及工业界的大量基础理论及工程应用研究。

　　本书系统著述了激光-电弧复合焊接基础及工程相关领域的理论及应用成果，包括激光-电弧复合焊接的物理机制、激光-电弧双侧作用下电弧行为、激光-电弧复合焊接温度场及应力应变场、激光-

电弧复合焊接熔池流动特性及匙孔动态行为、激光-电弧复合焊接熔滴过渡特性、高强钢激光-电弧复合双面横焊基础工艺研究，以及激光-电弧复合焊接技术的发展等内容，期望能基本囊括该领域的主要研究成果。

　　本书共分为 8 章，由赵耀邦、檀财旺、冯杰才和宋晓国共同撰写。全书由赵耀邦审核定稿。本书汇集了前期大量课题研究成果，在此向提供课题研究经费资助的相关单位表示感谢。

　　博士生刘福运、杨彪、周晓辉、马程远，硕士生徐炳孝、刘裕航、吴卓伦、林鑫为本书撰写做了许多文献查阅、素材收集和章节修改完善工作，此外本书还得到航天科技图书出版基金资助，在此一并表示感谢。特别感谢上海航天精密机械研究所的领导及同事对本书出版的支持和关注，感谢哈尔滨工业大学、上海大学的相关科研单位对本书编写工作的大力支持。本书在编写过程中，参考了国内外最新研究成果，在此向相关作者表示衷心的感谢。

　　本书既总结了多年来作者在激光-电弧复合焊接研究领域取得的成果，又纳入了国内外相关学者的最新研究成果，论述了激光-电弧复合焊接相关基本理论、基础工艺、工程化应用以及发展展望，希望本书能够进一步完善激光-电弧复合焊接技术的理论体系，进一步在推动该技术的发展以及工程化应用等方面做出一定的贡献。

　　本书可供从事激光复合焊接技术科研和生产的相关技术人员参考，也可作为高等院校焊接及相关专业的研究生和本科高年级学生的辅助教材。

　　对于激光-电弧复合焊接技术的探索是一项长期的工作，限于作者水平，书中难免存在错误和不足之处，敬请读者批评指正。

作　者

2021 年 10 月

目　录

第1章 绪 论

英国帝国理工大学 W. Steen 教授于 20 世纪 70 年代末提出了激光-电弧复合焊接的思想，激光-电弧复合焊接既充分地发挥了激光焊和电弧焊各自的优势，又避免了其自身的不足，并且激光和电弧的协同作用使得激光-电弧复合焊接取得了 1+1＞2 的效果，成为最具发展前景的先进焊接技术之一。本章就激光-电弧复合焊接的基本原理、基本特点以及发展概况进行介绍，并且就激光-电弧复合焊接技术在船舶、油气管道、轨道列车、航空航天及汽车等行业的工程化应用进行简要概述。

1.1 激光-电弧复合焊接原理

激光-电弧复合焊接的思想始于 20 世纪 70 年代末，由英国帝国理工大学 W. Steen 等人最先提出，其焊接原理如图 1－1 所示。W. Steen 最初提出的激光和 TIG 复合不只是局限于焊接加工，亦可用于切割等其他激光材料加工领域，从能量匹配上来说，此时激光为主，电弧为辅，因此 W. Steen 称之为电弧增强的材料激光加工（Arc augmented laser processing of materials），从激光和电弧几何位置来说，激光和电弧既可处于工件的同侧也可位于异侧。研究发现，复合焊接提高了焊接速度和熔深而不至于降低焊接质量，当激光和电弧处于同侧时，电弧弧根作用于激光等离子体处，而当激光和电弧位于异侧时，电弧弧根作用于激光形成的热斑点处。

随后几十年里，各国学者对激光-电弧复合焊接开展了广泛的研究。激光-电弧复合焊接兼有激光和电弧两者的优势，又弥补了各自的不足之处，已成为最有发展前景的焊接方法之一，其特点总结起

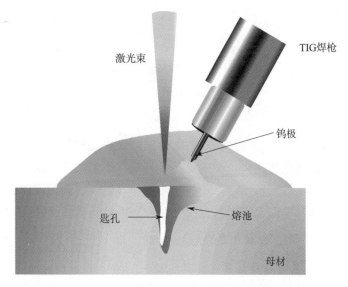

图 1-1　激光-TIG 复合焊接示意图

来体现在以下几个方面：

1) 效率高，成本低。激光-电弧复合焊接保持了激光高能束焊接熔深大、焊接速度快的优势，同时电弧对工件的预热作用提高了材料对激光能量的吸收率，一定程度上也降低了对激光功率的要求。

2) 减少焊接缺陷，改善焊缝成形。电弧的加入延缓了焊缝凝固时间，有利于减少气孔、裂纹等缺陷，同时焊缝熔化量比单激光焊接时要多，可以改善焊缝与固态母材的润湿性，有利于改善激光焊接时的咬边缺陷。

3) 改善焊缝组织，提高焊接质量。激光与 MIG 电弧复合或者通过其他填丝的复合方式，充分发挥了填入焊丝与母材的冶金作用，有利于减少焊接裂纹倾向和提高焊缝力学性能。

4) 提高激光焊接装配适应能力。电弧的加入降低了激光对工件的间隙、错边及对中的要求。

1.2 激光-电弧复合焊接发展概述

激光-电弧复合焊接大致可以有以下几种分类方式：从热源的相对位置来看，有激光和电弧同侧和异侧之分，即激光和电弧处于工件同侧的激光-电弧复合焊接（即一般意义上的激光-电弧复合焊接）和处于异侧的激光-电弧复合焊接；从热源组合上来看，激光从最初的 CO_2 激光到 Nd：YAG 激光再到近几年的光纤激光，而电弧可以是 TIG 电弧、MIG 电弧和等离子弧；从能量匹配上来说，可分为大功率激光为主、电弧为辅的复合焊接和小功率激光为辅、电弧为主的复合焊接。

最常见的激光-TIG 复合方式为旁轴复合焊接，如图 1-2 所示，一般为激光束与工件垂直，而 TIG 电弧与激光束呈一定的角度，旁轴复合在复合焊枪头装置上易于实现。激光-电弧同轴复合焊接为激光和电弧同轴作用在工件同一位置，哈尔滨工业大学陈彦宾教授采用激光束穿过空心钨极实现了激光与 TIG 电弧同轴复合焊接，如图 1-3 所示，研究发现，相同参数条件下激光-TIG 同轴复合的熔深比旁轴复合的熔深大。

日本 TISHIDE 等人研制了一种 TIG 钨极位于两束 YAG 激光之间的双光束-TIG 同轴复合焊接方式，如图 1-4 所示。日本学者海野富男提出了一种多钨极 TIG 电弧与激光同轴复合的方法，如图 1-5 所示，八个钨极组成一个圆环式的电弧，钨极之间呈 45°分布，并且由独立的电源来供电，激光束穿过环形钨极中心。激光-电弧同轴复合焊接解决了旁轴复合焊接的焊接方向性问题，因此非常适合在机器人臂下实现复杂轨迹的三维空间焊接，但是同轴复合枪头的设计比较复杂。

激光-电弧复合焊接最初从激光与 TIG 电弧复合开始，日本学者 S. Nagata 等人首次进行了激光-MIG 复合焊接工艺试验，利用激光与熔化极气体保护电弧进行复合焊接，充分发挥了 MIG 焊或者

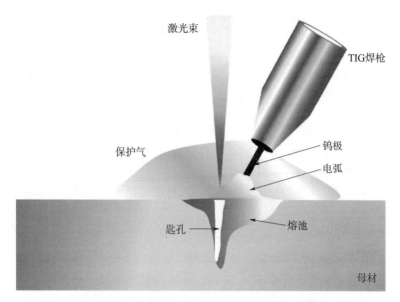

图 1-2 激光和 TIG 电弧旁轴复合焊接示意图

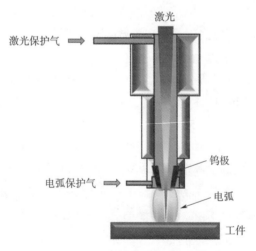

图 1-3 激光和 TIG 电弧同轴复合焊接示意图

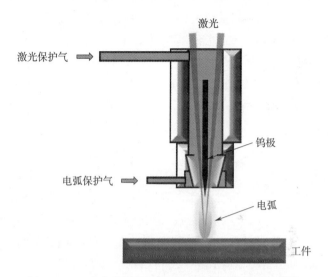

图 1-4 双光束激光与 TIG 电弧同轴复合焊接示意图

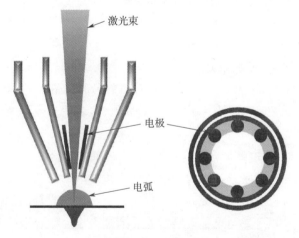

图 1-5 多钨极 TIG 与激光同轴复合焊接示意图

MAG 焊的填丝优势，在改善激光焊表面成形、增强间隙适应性的同时，还可以通过添加焊丝（冶金作用）来改善焊缝组织和性能，此外还可以通过开坡口的形式实现大厚板的多层多道焊，因此激光与熔化极电弧复合也是目前研究得最多、应用最为广泛的激光-电弧复合焊接。由于激光- MIG 复合焊接需要电极（即焊丝）的熔化，存在熔滴过渡的问题，哈尔滨工业大学雷正龙教授系统地研究了激光-MIG 复合热源焊接铝合金的熔滴过渡行为，发现激光加入之后对MIG 电弧的熔滴过渡频率及稳定性都有明显的影响。华中科技大学高明教授对激光- MI 女 G 复合焊接焊缝的组织特征、焊缝缺陷、焊接适应性、临界速度等问题展开了系统的研究。

英国考文垂大学 J. Biffin 等人于 1992 年最先开展了激光-等离子弧复合焊接研究，与 TIG 电弧相比，等离子弧具有能量密度高、刚性好、温度高、方向性好的特点，同时电极在喷嘴内部，很好地避免了复合等离子体对电极的烧损。韩国宇航研究所（Korea Aerospace Research Institute）S. H. Yoon 等人采用激光-等离子弧复合焊接方法焊接小口径的 V 型坡口不锈钢管，试验装置如图 1 - 6 所示，研究发现，复合焊的速度是单激光焊的 200% 以上。考文垂大学 P. T. Swanson 等人对 6 mm 厚低碳钢激光-等离子弧复合焊接进行了研究，如图 1 - 7 所示，发现在 2 m/min 的焊接速度下，4 kW CO_2 激光无法完全熔透 [图 1 - 7 （a）]，熔深只有 4.75 mm，而 100 A 电流的等离子弧也只能熔化材料的局部 [图 1 - 7 （b）]，而复合之后能够完全熔透 [图 1 - 7 （c）]，这表明复合焊使熔化效率得到了提高。

目前激光-电弧复合焊接技术主要采用的是几千万甚至更高的大功率激光与电弧复合，以大功率激光为主，电弧为辅，大连理工大学刘黎明教授提出了以提高焊接效率、节约能源为目的的低功率激光（500 W 以下）与电弧复合焊接，对镁合金、钛合金、不锈钢等先进材料开展了大量的研究工作。

随着光束质量更加优异的大功率光纤激光的出现，光纤激光与各种电弧复合焊接成为研究的一个新热点方向。光纤激光与 MAG 复合焊接成为造船工业非常有发展前景的焊接技术，加拿大宇航制造技术中心（Canada Aerospace Manufacturing Technology Center）

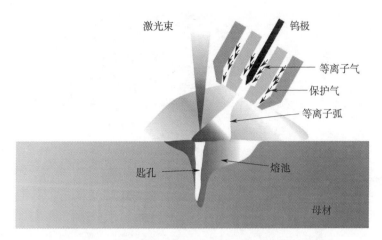

图 1-6 激光-等离子弧复合焊接示意图

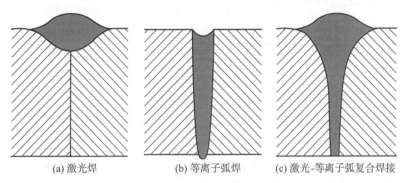

(a) 激光焊　　　　(b) 等离子弧焊　　　(c) 激光-等离子弧复合焊接

图 1-7 激光焊、等离子弧焊和激光-等离子弧复合焊接接头

研究者采用该技术焊接 9.3 mm 厚的低合金高强钢，总结出以下几个方面的特点：复合焊可以在高能量密度下具有很好的间隙适应能力；复合焊的热输入比激光大，但是比电弧小，可以获得更窄的焊缝和更小的焊接热影响区，焊接变形小；一次性实现大厚板的焊接，如图 1-8 所示。

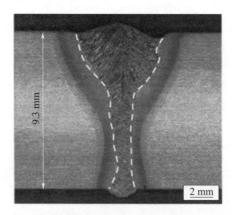

图 1-8　光纤激光-MAG 复合焊接焊缝横截面

1.3　激光-电弧复合焊接技术应用

1.3.1　激光-电弧复合焊接工作头

随着激光-电弧复合焊接技术的工程化应用，国外一些研究机构和企业推出了商用化的激光-电弧复合焊接工作头。图 1-9 所示为德国弗朗霍夫激光技术研究所（Fraunhofer ILT）研制的激光-电弧同轴及旁轴复合焊接工作头，具有紧凑灵活的特点。图 1-10 所示为 KUKA 公司研制的三维空间可旋转复合焊接工作头，该焊接工作头可实现三维空间的多角度调节，大大提高了对焊接位置的适应性。图 1-11 所示为瑞典 ESAB 研制的激光复合焊接工作头，通过第五代自适应激光复合焊接系统，可以实时调整过程，在各种装配条件下保持高焊接质量。

德国 Cloos 公司研发的独家激光复合焊接工作头通过其七轴机器人可以实现激光束和弧焊枪的单独调节，从而实现激光束与 MIG/MAG 焊枪的完美配合，同时还避免了机器人本体进行不必要的运动，在加快生产速度的同时还提高了焊接质量。图 1-12 为 Cloos 公司研制的激光-电弧复合焊接工作头。

图 1-9 德国 Fraunhofer ILT 研制的激光-电弧复合焊接工作头

图 1-10 KUKA 公司研制的三维空间可旋转复合焊接工作头

奥地利福尼斯公司推出了商业化标准型的激光-MIG 电弧复合焊接工作头，具有紧凑、灵活、易于调节的特点，如图 1-13 所示。激光复合头前端的 Cross jet 需采用双压缩空气吹气，能够很好地吸

图 1 - 11　瑞典 ESAB 研制的第五代自适应激光复合焊接工作头

图 1 - 12　Cloos 公司研制的激光-电弧复合焊接工作头

收焊接烟尘，同时枪头前端具有防撞功能，另外，激光与电弧间距
调节方便，TCP（刀尖点）重复精度高。商业化标准型的复合焊接
工作头推动了先进激光-电弧复合焊接技术的工程化应用。

图 1 - 13 福尼斯公司的标准复合焊接工作头

1.3.2 船舶行业

激光-电弧复合焊接方法结合了激光和电弧两个独立热源的优点，能够很好地适用于船舶 T 型结构件、三明治板的焊接。另外，激光-电弧复合焊接相比于传统电弧焊接，变形量小，焊后的修整工作量大为减少，能够进一步降低船舶制造的成本并提高制造效率。

2002 年德国的 Meyer 造船厂搭建了应用于船舶工业的第一条激光-电弧复合焊接生产线，主要用于船体平板和加强筋的焊接，如图 1 - 14 所示。Meyer 造船厂使用激光-电弧复合焊接方法替代传统电弧焊的双面多层焊接，高质量地完成了 20 倍于 20 m 长区段的焊接生产。针对厚度在 15 mm 以内的厚板对接头，使用该方法可达到 3.0 m/min 的焊接速度。另外，该船厂还成功地将激光-电弧复合焊接用于焊接直线尺寸长度在 20 m 以内、厚度在 12 mm 的角接头，大大提升了焊接效率。

2003 年，欧盟开展了 DockLaser 项目，项目计划通过研发用于船舶建造和维修的装配作业区域的激光工艺技术和设备，达到提高生产力和生产质量、改善作业灵活性和生产工作条件的目的。该计划详细说明了船坞作业区激光工艺的应用实例、需求和目标，方便用来开发焊接工艺和设备。三个主要的应用领域为：

1）利用行走机构来焊接长直角焊缝；

图 1-14　德国 Meyer 造船厂激光-电弧复合焊接生产线

2）完成自动化焊接大型工件的定位焊；

3）在船舶舾装作业中应用手持操纵激光工具进行焊接和切割。

其中，研发装有激光-电弧复合焊接工作头的可移动牵引车成为针对船舶焊接问题的主要解决方案。图 1-15 为 DockLaser 项目激光复合焊接设备。

图 1-15　DockLaser 项目激光复合焊接设备

激光-电弧复合焊接针对船体结构钢的应用较为广泛。常用的船体结构钢一般以 T 型结构、三明治型结构居多，在船身建造过程中，一般强度钢的使用量在 50%，其中 70% 为 T 型接头。芬兰 Turku 造船厂在激光-电弧复合焊接船用结构钢 AH36 的 T 型接头研究中，采用了美国 IPG 公司的 YLS‐10000 型激光器，研究了光纤直径、焊接速度等工艺参数对焊缝微观组织及力学性能的影响，焊接系统构成如图 1‐16 所示。实验表明，600 μm 光纤直径的激光束对 8 mm 的 T 型接头 AH36 钢可以实现一次性全部熔透，且单面焊双面成形效果优良，焊接速度可达 1.25 m/min。

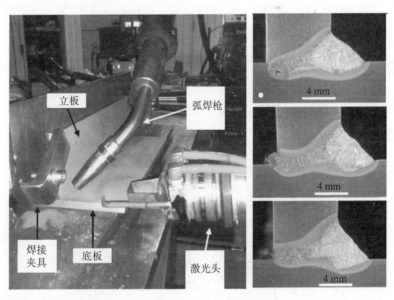

图 1‐16 芬兰 Turku 激光-电弧复合焊接系统和接头截面形貌

随着船用铝合金在船舶工业中的广泛应用，针对船用铝合金的激光-电弧复合焊接也获得了大量的研究与应用。德国的 Aker Warnow Werft 船厂与美克伦博格焊接技术研究所采用 4.4 kW 的 Nd：YAG 激光和 MIG 复合焊接系统，对船用 5083 铝合金对接接头和 T 型接头进行了焊接实验研究。研究发现：相比单激光焊，

MIG 焊接热源的加入稳定了焊接过程，大大减小了焊接变形和焊接应力，提高了焊缝强度。另外，相较于 MIG 焊接，激光-电弧复合焊接焊缝在拉伸强度、腐蚀性能、焊接热变形等各方面均优于 MIG 焊接焊缝，并且焊接速度能够提高 3～4 倍。

经过近十年的研究和技术突破，我国的激光-电弧复合焊接技术在船舶制造行业于 2019 年正式应用。烟台中集来福士海洋工程有限公司在其龙口基地联合哈尔滨焊接研究所等多单位，历经 20 个月的研发制造历程，自主研发制造并搭建了国内首条船舶激光-电弧复合焊接智能化生产线（图 1-17），并且正式投入使用。至 2019 年年底，该生产线完成 1 229 m 焊缝的制造，焊缝的重量达 281 t，焊接质量全部合格。其焊接成品应用于为渤海轮渡建造的高端客滚船（渤海恒达轮，目前亚洲最大的多用途滚装船）等。

图 1-17　国内首条船舶激光-电弧复合焊接智能化生产线

2020 年，由中国船舶集团有限公司旗下第七一六研究所与第七二五研究所联合打造的国内首套大功率龙门式激光-电弧复合焊接系统（图 1-18）完成工艺试验及小批生产，并正式投入生产使用。龙门式激光-电弧复合焊接系统在国内首次实现了 18 mm 钛合金激光自熔焊接技术应用，单面焊双面成形，工件热变形量小，成形美观；

在国内首次实现了跨度 6 m、长 20 m 以上的大型构件的大功率激光对称焊接及大功率激光-电弧复合对称焊接,解决了大型构件非对称焊接变形的难题。

图 1-18 大功率龙门式激光-电弧复合焊接系统

1.3.3 油气管道

21 世纪以来,欧美各国已经逐步开展油气管道行业的激光-电弧复合焊接应用研究,目前该技术已经成功实现了在该领域的应用。而我国针对大直径大壁厚管道的激光-电弧复合焊接研究较晚,目前还主要处于实验室研究阶段。

2000 年,美国爱迪生研究所(EWI)签订了名为"YAG 管道"的运输管道连接项目,其目的在于减少管道成本和提高焊接管道的工作效率。同年,德国 Fraunhofer ILT 研制了一套激光-MIG 复合热源储油罐焊接系统(图 1-19),采用 1.5 m/min 的焊接速度成功实现了壁厚 5~8 mm 的储油罐的焊接。另外,使用激光-电弧复合焊接方法也成功实现了管径 1.6 m 的小油箱的良好焊接,焊缝质量通过了 TUV 鉴定。与单激光焊接相比,激光-电弧复合焊接在增加能量输入的基础上,减小了焊缝和热影响区的硬度,工作效率提高了 25%。

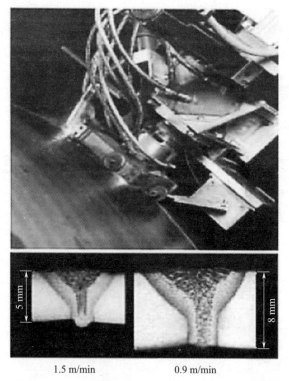

图 1 - 19　　Fraunhofer ILT 研制的复合热源储油罐焊接系统及其焊缝界面形貌

　　2002 年，Fraunhofer ILT 又采用激光－MAG 复合焊接方法单道纵向焊接壁厚为2.4～14.4 mm 的不锈钢管（图 1 - 20）。与传统电弧焊相比，焊接速度提高了 10 倍以上。

　　英国焊接研究所（TWI）在北非天然气管道铺设施工中，利用激光复合焊接代替了传统的手工 MIG 焊接，成功实现了外径为762 mm、壁厚为 15.9 mm 的输气管道的焊接。而且他们发现通过激光复合焊接得到的最终熔深比单激光焊时增大了 20%，而且过程稳定，飞溅较少，余高降低，减少了焊后工作量，生产效率提高了30%。焊后 X 射线检测探伤结果表明，无裂纹及平面缺陷，气孔率非常低，满足工程要求。

图 1 - 20　Fraunhofer ILT 单道纵向焊接焊缝截面图

美国 EWI 在美国交通运输部（DOT）的资助下，于 2008 年与 CRC 公司合作进行了管道激光-电弧复合焊接试验。研究人员将光纤激光器与 GMAW 焊枪集成在一个商用轨道和牵引小车系统（CRC - Evans P450）上，系统在 2.3 m/min 的速度下完成了一个根部 4 mm 厚的全熔透焊缝的焊接。根部焊用下向焊，激光器功率为 10 kW，焊接速度为 3 m/min，初期试验取得了令人满意的效果，如图 1 - 21 所示。

此外，德国的联邦材料试验研究院（BAM）采用激光-电弧复合热源对 16 mm 壁厚、36 inch（1 inch=2.54 cm）外径的管道开展全位置焊接工艺研究，其装置实物图如图 1 - 22 所示。试验表明，激光-电弧复合热源对管道圆周环缝对接的焊前尺寸误差具有较强的适应性。另外，土耳其的 Gedik 焊接公司采用 8 kW 激光-MIG 复合热源对厚度为 9.5 mm 的 X65 和 X70 管道也成功进行了焊接，其中单道单面焊工艺的焊接速度为 2.0 m/min 时，能够实现管道双面成形，在焊接效率提高的同时，焊接成本也大大降低。

我国在油气管道方面的激光-电弧复合焊接技术的研究和应用起步相对较晚。2016 年 12 月，中国石油天然气管道局负责的油气管道环焊缝激光-电弧复合焊接技术研究取得进展，开发了适用于高钢级、大口径输气管道的激光-电弧复合焊接设备，如图 1 - 23 所示。

(a) 激光-电弧复合焊接系统　　　　　(b) 管道复合焊接样品图1

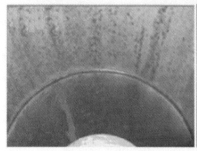

(c) 管道复合焊接样品图2　　　　　(d) 管道复合焊接样品图3

图 1-21　美国 EWI 研制的管道复合焊接系统及实验成果样品

这种设备具有结构紧凑、体积小、重量轻的优点，一次可焊透钝边厚度为 7.81～8.18 mm 的材料，可实现单面焊双面成形根焊，焊接速度为 1.15 m/min，与目前所使用的自动焊装备相比，不仅减少了焊接层数，还可节约 50% 的焊材，并将焊接速度提高两倍，并且已完成了 X70、X80 钢级，管径 1 016 mm、1 219 mm，钝边 4 mm、6 mm、8 mm 的焊接工艺研究。

1.3.4　轨道列车

激光-电弧复合焊接方法结合了单激光焊接和电弧焊接的优势，因其焊接飞溅小、热输入低、生产效率高、间隙适应性强等特点，在轨道列车制造上得到了很好的应用。德国的 Dilthey 和 Reich 在

图 1 - 22　大尺寸管道复合热源焊接装备图

(a)　　　　　　　　　　(b)

图 1 - 23　中国石油天然气管道局研制的管道激光-电弧复合焊接样机

2003 年就采用激光- MIG 复合焊接方法成功实现 ICE Trains 一节铝合金客车车厢（材料为 6×××系列，车身长度为 26 m）的焊接，焊缝总长度超过 1km。结果表明：复合焊接后的车厢完全满足产品要求，而且和 MIG 焊接相比，焊接变形大大减小。德国 BIAS 研究所的 Thomy 则在 2004 年成功实现了车辆铝合金型材测试板的 YAG 激光- MIG 复合焊接，得到了 2 m 长的无缺陷纵向焊缝，如图 1 - 24 所示。

图 1 - 24　YAG 激光-MIG 复合焊接的铝合金型材车体壁板

　　2008 年英国 TWI、2009 年德国 BIAS 研究所均研究了用于高速
列车的铝合金蜂窝板结构激光- MIG 复合焊接技术,对 8 mm 厚铝
合金接头,采用激光- MIG 复合焊接方法可实现一次性焊透,焊接
速度高达 6 m/min,接头达到一级焊缝质量。图 1 - 25 为铝合金蜂
窝板结构激光-电弧复合焊接样品及原理示意图。

　　日本也早在 2008 年建成了铝合金车体激光- MIG 复合焊接生产
线,并且成功投入生产运行当中。法国阿尔斯通一处生产基地与德
国 Cloos 合作搭建了一台激光复合焊接多功能设备 (图 1 - 26)。该
设备成功应用于轨道列车车体的焊接中,并大大缩短了轨道交通的
大工件加工时间,降低了生产成本。

　　对于轨道车辆的激光-电弧复合焊接技术,在国外已经有实际应
用,但是在国内尚处于研发实验阶段。哈尔滨焊接研究所的王旭友
等人采用激光-双丝 MIG 复合焊接方法对高速列车 6005A - T6 铝合
金型材进行焊接试验 (图 1 - 27),发现激光-双丝 MIG 焊接速度可
达 4.5m/min,焊接变形仅为常规双丝 MIG 焊的 40％左右,抗拉强
度达到母材强度的 83％,比常规 MIG 焊接接头抗拉强度高 9％。西
南交通大学的陈辉教授团队针对轨道车辆主要结构激光-电弧复合焊

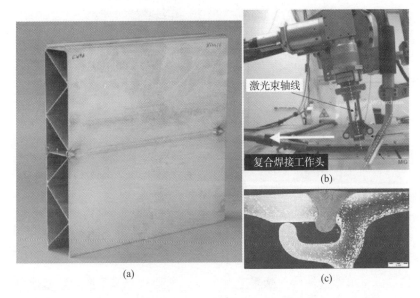

图1-25 铝合金蜂窝板结构激光-电弧复合焊接样品及原理示意图

图1-26 龙门式激光复合焊接多功能设备

接过程机理及过程稳定性控制方法,研究了工艺过程对典型焊接接头组织、缺陷、变形和残余应力的影响规律,并提出了焊接质量控制方法和建议,完成了轨道车辆车身试样件的工艺开发和性能评价。

中车四方车辆有限公司首席工艺师韩晓辉领衔的轨道客车激光-电弧复合焊接技术团队,基于轨道客车现有弧焊制造模式存在的强度性能下降、制造精度偏低、服役性能有待提高等工程局限,针对

图 1 - 27　轨道交通车辆关键部件激光-电弧复合焊接

中厚板高强不锈钢、大厚板耐候碳钢以及超薄壁铝合金三类材质，围绕城轨地铁端部底架枕梁及牵引梁、碳钢转向架构侧梁、高速列车铝合金车体侧墙、车顶、地板长大薄壁部件，开展激光-电弧复合焊接关键技术开发及典型部件研制，实现了激光-电弧复合焊接制造技术在轨道客车高端装备制造领域的工程化应用，形成了产业化能力。该项目团队针对基础机理不清、大型装备缺失、工程方法不明三大工程难题，先后完成激光与电弧相互作用及高速稳定焊接的物理机制研究，自主研制涵盖组装、焊接、监控、检测的大型成套工艺装备，创新了面向不同材料、特殊结构及复杂工况的一系列焊接工艺方法，构建了涵盖设计、制造、评价的轨道客车激光-电弧复合焊接技术标准体系。

2017 年 10 月，国内首列搭载激光-电弧复合焊接枕梁及通长激光焊侧墙的下一代地铁列车下线，并参加了 2018 年德国柏林的国际轨道交通技术展；2019 年 5 月，国内首辆时速 600 km 的磁浮工程样车下线，车厢 90% 的连接焊缝采用激光-电弧复合焊接技术（图 1 - 28）。

激光-电弧复合焊接技术以其良好的工程特点在车辆关键功能组件中得到工业化应用，香港地铁列车的不锈钢窗框、解锁口安装座

(a) 时速600 km的磁浮工程样车铝合金车顶　　(b) 时速600 km的磁浮工程样车铝合金侧墙

(c) 下一代地铁列车不锈钢枕梁　　　　　(d) 碳钢架构侧梁

图1-28　高速列车关键部位复合焊接示意图

及顶板拼接处，芝加哥地铁的风道、端顶及侧顶连接处，复兴号标准动车组的铝合金大横梁连接处及高强钢空调隔音罩连接处均采用了激光-电弧复合焊接技术（图1-29）。激光-电弧复合焊接技术以其良好的技术特点在轨道车辆关键承载部件及功能组件中得到大范围应用，取得了显著的产业化效果。

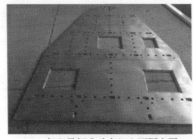 

(a) 复兴号标准动车组空调隔音罩　　　　(b) 芝加哥地铁的不锈钢风道

图1-29　高速列车关键功能组件复合焊示意图

据不完全统计，激光-电弧复合焊接技术先后在中国复兴号标准动车组、中国香港及芝加哥地铁共计 3 477 辆轨道客车中获得大批量应用，同时在科技部重大研发计划项目——时速 140 km 下一代地铁及时速 600 km 磁浮列车中实现开创性应用（图 1-30）。车辆制造精度提高了 3～5 倍，连接强度提高了 15%～20%，减少了打磨，消除了调修，提升了车辆制造品质，降低了制造成本，推动了轨道客车制造革命和产品升级换代，在轨道交通领域起到了重要的引领、示范作用，支撑中国轨道交通高端装备走出国门、闪耀海外。

(a) 复兴号标准动车组

(b) 香港地铁

(c) 时速 140 km 下一代地铁

(d) 时速 600 km 磁浮列车

图 1-30　不同轨道客车示意图

1.3.5　航天

上海航天精密机械研究所突破了中厚板高强钢的激光-MIG/MAG 复合焊接技术，建立了激光-电弧复合焊接工艺规范，将其应用于某航天重要结构件，实现了 7 mm 厚 3CrMnSiA 无预热激光-MAG 电弧复合焊接，大幅降低了工人劳动强度和提高了焊接生产效率，图 1-31 所示为 7 mm 厚 3CrMnSiA 激光-MAG 复合焊接焊缝横截面。

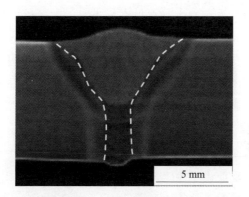

图 1-31　高强钢激光-MAG 电弧复合焊接焊缝横截面

随着火箭推力的增加，贮箱筒段的网格厚度相应增加，其研制成本和效率较大幅度提高，若采用框桁式结构，能够使制造成本大幅降低。上海航天精密机械研究所针对壁板筋条式结构，于 2019 年突破了激光-MIG 双侧激光同步焊接技术，实现了铝合金壁板与加强筋的高效、优质焊接，为框桁式贮箱在运载火箭的研制应用奠定了坚实的基础（图 1-32）。

图 1-32　框桁式贮箱壁板激光-MIG 双侧复合焊接

1.3.6　汽车行业

当前，激光-电弧复合焊接在汽车产业的应用主要为汽车车身及车顶承载部件的制造。德国大众汽车公司开发了专门应用于汽车车身焊接制造的激光-MIG复合焊接工作头，该焊接工作头可以适用于任何空间位置的焊接，且调节精度极高，在各个方向上均可达到0.1 mm级。由于该复合焊接工作头的研发，大众 Phaeton（辉腾）系列汽车的车门均使用激光-MIG复合焊接方法进行焊接，一个车门中复合焊接焊缝数量达到了48条，总长度达3 570 mm，占总焊缝长度的72%。

德国的汽车生产商 Ingolstadt 公司在焊接 AUDI-A8 车顶承载结构时，也成功应用了激光-电弧复合焊接技术，如图1-33所示。全车的复合焊接焊缝总长达到了4.5 m，并且焊接接头质量成功地通过了整车测试，正式投入到了生产线中，这也成为奥迪公司继20世纪末使用铝制车身焊接技术后的又一大突破。另外，日本三菱重工公司也成功地将同轴激光-MIG复合焊接技术应用于复杂结构车身的制造上。

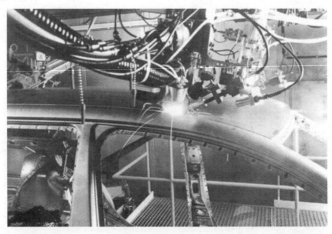

图1-33　AUDI-A8车顶承载结构件激光-电弧复合焊接现场

1.3.7　其他方面

　　激光-电弧复合焊接在核电行业、工程装备上应用也十分广泛。由于核电站上的反应仓、压力容器等构件需要较大的壁厚，利用常规的电弧焊方法难以满足生产的需求，而采用激光-电弧复合焊接方法在一次性焊透较厚板材的同时，还能够避免焊接缺陷的产生。因此，激光-电弧复合焊接在这些行业制造方面显现出巨大的优势。

　　徐工集团使用激光-电弧复合焊接方法替代传统的电弧焊，成功实现了大型轮式起重机高强钢伸臂类钢（板厚度为 4～14 mm，焊缝长度为 9～16 m）的焊接。与电弧焊相比，不但减少了焊接变形，提高了生产效率，还解决了单面焊无法双面成形的问题，提高了焊缝的可靠性。图 1 - 34 所示为起重机高强钢伸臂类钢的激光-电弧复合焊接现场图。

图 1 - 34　起重机高强钢伸臂类钢的激光-电弧复合焊接现场图

　　另外，激光-电弧复合焊接在日常生活的实际产品中也有着重要的应用，典型的产品应用有不锈钢大型显示屏壳体（厚度 1.5 mm，尺寸 900 mm×650 mm×160 mm）的焊接（图 1 - 35），高强钢及超高强钢减振器钢体与筒体（强度 1 000～1 780 MPa，厚度 12～25 mm）的焊接（图 1 - 36），通过激光-电弧复合焊接方法，有效地解决了焊接裂纹以及缸体内层镀铬层的烧损及构件的变形问题。此外，哈尔滨焊接研究所还将激光-电弧复合焊接技术应用到了大型铝合金模具的修复中，成功解决了大型铝合金模具修复的焊接变形问题。

图 1-35　不锈钢大型显示屏壳体的激光复合焊接现场图

图 1-36　超高强钢减振器钢体与筒体的激光复合焊接现场图

第2章 激光-电弧复合焊接的物理机制

激光-电弧复合焊接技术涉及激光、电弧两个热源复杂的物理交互作用过程,目前对激光-电弧复合焊接过程中激光与电弧相互作用物理本质的认识还缺乏统一的论述。本章论述了激光-电弧复合焊接的物理效应、激光对电弧的作用、电弧对激光的作用,以及采用电弧光谱诊断技术研究激光-电弧复合焊接等离子体特征。

2.1 激光-电弧复合焊接的物理效应

激光-电弧(尤其是 TIG 电弧)复合焊接过程中激光对电弧产生吸引、压缩作用,要阐释激光-电弧复合焊接电弧特性改变的根本原因必须从激光对电弧作用的物理机制上加以探讨。

德国汉诺威激光中心 U. Stute 等人为了解释激光压缩、稳定电弧的物理本质,全面、综合地讨论了激光与电弧的相互作用可能存在的五种物理效应:分别是光电效应、激光引导热电子发射、光电流效应、逆韧致吸收、激光诱导等离子体,并逐一分析了上述五种物理效应的物理机制以及在激光-电弧复合焊接中所起的作用。

(1)光电效应

光电效应为激光光子轰击材料表面之后吸收光子能量而逸出电子的过程,如果有自由电子的逸出将会增加电弧的放电电流和电导率。根据爱因斯坦的光电方程计算,逸出功为 4.2 eV 的铝合金材料,要实现光电效应最小激光波长应在 295 nm 以下,而常用的 CO_2 激光、YAG 激光、光纤激光的波长均大于 295 nm,因此激光作用于材料产生光电效应影响电弧的作用可以忽略。

(2)激光引导热电子发射

一些学者认为激光-电弧复合焊接过程中激光对工件的加热作用

增强了电弧阴极的热电子发射能力（此时工件材料为电弧阴极），即认为激光增强热电子发射可能是激光稳定、压缩电弧的原因。而根据 Richardson 热电子发射电流密度表达式进行计算发现，对于铝合金这种冷阴极材料，其热电子发射电流密度微乎其微。

（3）光电流效应

激光辐照电弧等离子体，激光光子改变等离子体的激发态原子密度数，从而产生电弧放电电流，即所谓的光电流效应。如果激光穿过电弧之后能够发生光电流效应必将引起电弧放电的改变，但是要发生光电流效应，激光的波长必须能够匹配电弧原子能级之间的能级差，因此对激光的波长具有选择性。

（4）逆轫致吸收

逆轫致吸收效应即电弧等离子体吸收激光能量的作用方式，相关文献计算表明 1 cm 电弧距离上对于 CO_2 激光的吸收率为 40%，对于 YAG 激光仅为 0.3%，也就是说电弧对激光的逆轫致吸收效应只对于波长较长的 CO_2 激光起作用，而对短波长的 YAG 和光纤激光的作用基本可以忽略。

（5）激光诱导等离子体

激光焊匙孔充满了光致金属等离子体，光致金属等离子体比 Ar 更容易导电，一旦进入电弧必将改变电弧的放电特性。

从上述五种物理效应分析来看，实际起到主导作用的只有激光引导等离子效应和电弧对激光的逆轫致吸收这两种物理机制，图 2-1 为激光引导、稳定电弧试验。

荷兰金属研究所 B. Hu 等人研究了激光-电弧复合焊接激光稳定电弧的物理机理，得到与上述基本一致的结论。他认为激光稳定压缩电弧可以从两个方面解释：电弧对激光能量的吸收，增强了电弧的电离能力；激光引导的等离子体改变了电弧成分，使得电弧中有更多的金属成分。同时 B. Hu 利用激光功率能量计测量了激光通过电弧之后能量的损失（图 2-2），并对激光-电弧复合焊接电弧等离子体光谱进行诊断，从试验上对上述结论予以证明。

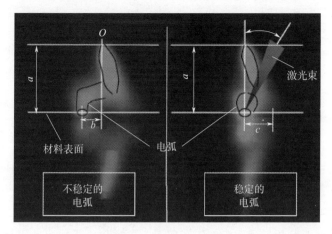

图 2-1　激光引导电弧

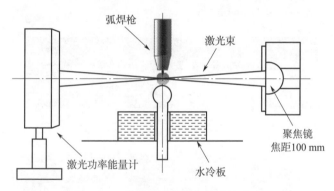

图 2-2　激光穿过电弧能量测量试验

　　布伦瑞克理工大学 J. Paulini 等人从理论上分析了激光-电弧复合焊接要获得激光增强电弧的效果，激光最小功率必须满足材料表面达到局部的汽化，由于使用的是 YAG 激光，忽略了电弧对激光能量的吸收。因此，激光形成匙孔产生局部的金属聚集区是复合焊接激光稳定压缩电弧的基本条件和根本原因。

2.2　激光对电弧的作用

哈尔滨工业大学陈彦宾博士系统地研究了激光-电弧复合焊接激光对电弧形态和焊缝形貌的影响规律，提出了激光-电弧复合焊接能量有限增强的观点。如图 2-3 所示为激光-电弧旁轴复合焊接，即在小电流的时候激光能够吸引、压缩电弧，焊接熔深增加，而当电弧强度增加到一定程度之后，电弧反而膨胀，复合焊接的协同增强效应不复存在，此时激光-电弧复合焊接也从匙孔焊转向热导焊，焊接熔深变浅。对同轴复合也发现了与此相同的规律，如图 2-4 所示。他通过分析发现激光的锁孔效应为电弧提供了稳定的阳极斑点，吸引、压缩电弧，可获得更大的焊接熔深和更稳定的焊接过程，锁孔效应存在与否是导致电弧形态和焊接熔深发生突变的直接原因。

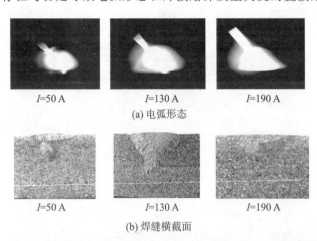

I=50 A　　　I=130 A　　　I=190 A

(a) 电弧形态

I=50 A　　　I=130 A　　　I=190 A

(b) 焊缝横截面

图 2-3　CO_2 激光-TIG 旁轴复合焊接电弧形态及焊缝横截面

大连理工大学宋刚博士对镁合金小功率激光-TIG 复合焊接电弧形态进行了研究发现，TIG 焊负半波是影响电弧稳定性的主要区域，激光使交流电弧的负半波放电能力得到提高，电弧更加集中，增加了焊接熔深，因而提出采用脉冲激光作用于电弧的负半波区域，既

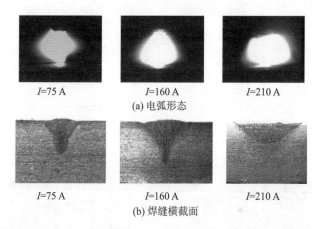

(a) 电弧形态

(b) 焊缝横截面

图 2-4　激光-TIG 同轴复合焊接电弧形态及对应的焊缝横截面

能起到稳定电弧的作用同时大大地消除了电弧对激光能量的吸收。

　　俄亥俄州立大学的 B. W. Shinn 和 D. F. Farson 等人研究了熔化极气体保护焊（GMAW）加入激光之后对阴极斑点稳定性的影响。阴极斑点是钛合金电弧焊接常见的现象，GMAW 由于不稳定的阴极斑点往往造成熔滴过渡飞溅很大，如图 2-5（a）所示；而加入激光作用于 GMAW 熔池之后形成稳定的阴极斑点，此时熔滴过渡更加稳定，如图 2-5（b）所示；同时发现 GMAW 由于阴极斑点不稳定形成不均匀的焊缝表面成形，加入激光之后，焊缝变得更加规则和均匀，如图 2-6 所示。究其激光稳定电弧阴极斑点的原因，认为阴极斑点容易产生在局部的金属蒸发处，而加入激光之后增强了局部金属蒸气的聚集，从而使得电弧稳定在激光在熔池的入射位置，阻止了电弧的飘移现象，因此熔滴更加稳定，焊缝成形更为均匀和规则。

　　北京工业大学吴世凯博士采用激光穿过水冷铜极 TIG 电弧来研究激光对电弧形态的影响，对比了激光在不同入射位置下的电弧形态，研究发现激光在钨极附近入射对电弧影响不大，而在电弧阳极（工件）附近入射电弧明显膨胀，如图 2-7 所示。

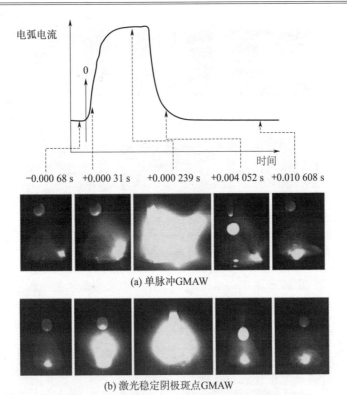

(a) 单脉冲GMAW

(b) 激光稳定阴极斑点GMAW

图 2-5　典型的波形图和 GMAW 电弧形态

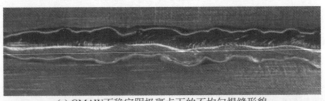

(a) GMAW不稳定阴极斑点下的不均匀焊缝形貌

(b) GMAW电弧形态阴极斑点下的均匀焊缝

图 2-6　激光稳定阴极斑点对焊缝形貌的影响

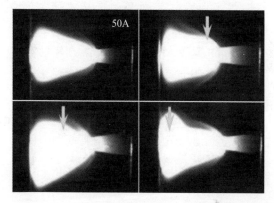

图 2-7　激光不同入射位置下的电弧形态（箭头为激光入射位置）

（$P = 500$ W，$I = 50$ A）

德国不莱梅激光技术研究所（Bremer Institut für angewandte Strahltechnik GmbH）Frank Vollertsen 和 Claus Thomy 等人研究了激光对等离子弧的影响，研究发现激光-等离子弧的电弧具有收缩现象，同时复合焊所得到的焊缝也更窄，如图 2-8 所示，他们认为小电流的电弧现象更加明显，对此物理现象进行解释的关键就是通过焊接过程中产生的金属蒸气的角度来研究激光与电弧的相互作用。

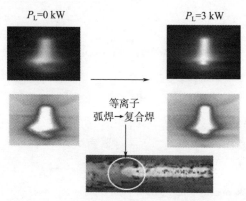

图 2-8　激光对等离子弧形态和焊缝形貌的影响

　　德国德累斯顿工业大学表面和制造技术研究所（Institute of Surface and Manufacturing Technology，Dresden University of Technology）M. Schnick 等人研究了光纤激光辅助等离子弧焊接激光对电弧的作用规律，发现铝合金复合焊接激光引导电弧明显，电弧电压下降，而对于不锈钢则不明显，电弧电压反而上升，分别如图 2-9、图 2-10 所示。他们认为激光引导电弧起主导作用的是激光匙孔产生的金属蒸气改变电弧放电，两种材料电弧的差异主要是由铝合金比不锈钢的金属蒸气蒸发量大导致的；尽管两者电弧形态存在差异，但是激光-等离子弧复合焊接的熔化效率都得到了显著的提高。

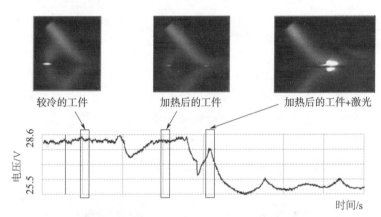

图 2-9　激光对铝合金等离子弧焊接电弧形态和电压的影响

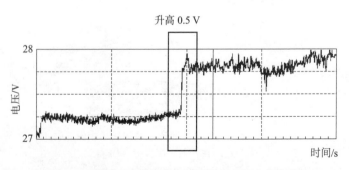

图 2-10　激光对不锈钢等离子弧焊接电弧电压的影响

韩国科学与技术研究院（KAIST）SuckJoo Na 等人研究了激光-电弧复合焊接材料与激光的相互作用，通过数值模拟了激光等离子体、电弧等离子体以及激光穿过电弧后的电弧等离子体温度，发现电弧吸收激光能量后电弧等离子体温度升高，如图 2-11 所示。

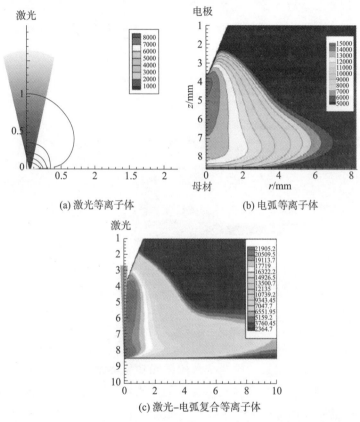

(a) 激光等离子体　　　　　(b) 电弧等离子体

(c) 激光-电弧复合等离子体

图 2-11　等离子体温度场数值模拟（见彩插）

2.3　电弧对激光的作用

电弧空间的非均匀等离子体对激光有负透镜效应，对激光能量具有散焦和吸收作用。哈尔滨工业大学陈彦宾博士采用激光入射透明有机玻璃产生烧蚀方法，直观、定量地计算了不同电流下电弧对激光峰值能量密度和光斑直径的影响规律，其试验装置示意图如图 2-12 所示。激光穿过电弧后，能量密度的衰减特性与焊接电流、激光入射电弧的位置有关，焊接电流越大，激光穿过电弧后峰值能量密度的衰减越严重，光束散焦越大，电弧中心区对激光能量密度的衰减比电弧边缘区高数倍。正是由于大电流电弧对激光能量的严重吸收和散焦作用，使得大电流激光-电弧复合焊接电弧膨胀，焊接熔深反而变浅。

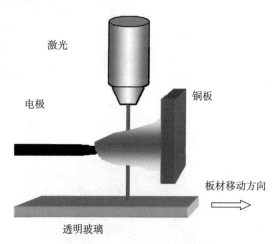

激光

电极

铜板

板材移动方向

透明玻璃

图 2-12　电弧等离子体对激光的吸收与散焦测量方法

北京工业大学吴世凯博士采用激光功率能量计测量了大功率的 CO_2 激光和 YAG 激光穿过电弧后的光斑形状和能量密度分布，其测量装置示意图如图 2-13 所示。研究结果表明 CO_2 激光穿过 TIG 电弧之后，激光功率衰减很明显，同时能量分布状态严重恶化，并且发现激光穿过电弧不同位置也存在很大的差异，激光穿过电弧钨极电弧对激光功率和能量分布的影响很小，而电弧阳极则很大，如图 2-14 所示；电弧对 YAG 激光能量基本不吸收，可以忽略电弧对 YAG 激光特性的影响；吴世凯通过理论计算了 TIG 电弧对 YAG 激光和 CO_2 激光的逆韧致吸收系数分别为 $1.1 \sim 2.03/m$ 和 $14.14 \sim$

26.29/m，折射率也存在一定的差异，分析认为这是电弧对两种波长不同激光的作用产生差异的根本原因。

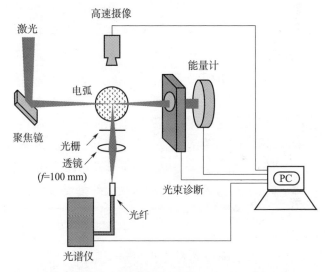

图 2-13　激光功率能量计测量激光穿过电弧能量

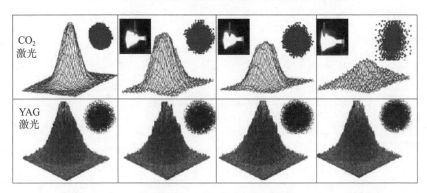

图 2-14　CO_2 激光和 YAG 激光作用电弧不同位置时光斑形状及能量分布状态

　　荷兰代夫特科技大学 B.Hu 等人采用激光功率密度计测量了 YAG 激光穿过 TIG 电弧的激光功率，发现 500 W 激光穿过 50 A 电流吸收了 1.26 W 即 0.28% 的激光功率，而穿过 100 A 电流时，也就是说无论电弧的电流大小，对 YAG 激光的吸收率都比较低。

2.4　激光-电弧复合焊接光谱特征

要对激光-电弧复合焊接激光作用下的电弧物理本质进行深入的探索必须寻求更加先进的技术手段。光辐射是焊接电弧最明显、最基本的一种物理现象，电弧光谱包含了电弧状态及其变化的最丰富的信息，对焊接电弧进行光谱诊断对于研究焊接电弧物理特性具有重要的意义并得到了广泛的应用。所谓电弧光谱分析即采用光谱仪（分光仪）获得电弧等离子体的光谱特征，包括谱线的强度和宽度等重要信息，然后结合等离子体物理、光谱学理论以及热力学方程计算出电弧等离子体的热力学参数和输运系数等重要参数。广泛用于焊接电弧以及激光焊等离子体的光谱诊断方法有助于研究激光-电弧复合焊接电弧物理本质。

天津大学路登平、胡绳荪等人于 1993 年最早采用电弧光谱分析的手段研究了激光-电弧复合焊接的电弧物理特征，采用 Stark 展宽法对激光-电弧复合电弧电子密度进行测量，并与光致等离子体和电弧电子密度相比较，结果表明激光等离子体的电子密度大于激光-电弧复合焊接的等离子体密度，而 TIG 电弧的电子密度最小。他们以为加入了 TIG 电弧之后稀释了激光等离子体的电子密度，降低了激光等离子体对激光能量的吸收作用，因此激光-电弧复合焊接的熔深增加。但是 TIG 电弧电子密度与电弧电流大小有密切的关系，只有当电弧电流较小时，电流密度才较小，也就是说 TIG 电弧稀释激光等离子体的电子密度只有在小电流时才存在。

北京航空制造工程研究所陈莉等对 YAG 激光-等离子弧复合焊接不锈钢进行了光谱分析。激光-等离子弧复合光谱强度比激光焊和等离子弧焊的都要大，线光谱特征与复合焊的参数如激光焊功率、等离子弧电流、热源先后次序以及间距有关，两种热源间距较大时，复合光谱仅仅是两者的组合而已。

韩国科学技术学院 Youngtae Cho 基于单色图像法对激光穿过水

冷铜电极的 TIG 电弧电子温度进行了测量，其试验装置如图 2-15
所示。通过阿贝尔逆变换，恢复径向发射系数，获得电弧径向温度
分布，发现复合电弧的电子温度高于 TIG 电弧的电子温度，如
图 2-16 所示，这表明激光作用于电弧之后导致电弧电子温度升高。
但是该试验基于水冷铜电极，工件表明没有熔化，与实际的焊接条
件存在一定的差异。

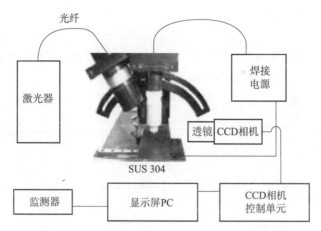

图 2-15　基于单色图像法的激光-电弧复合焊接光谱分析

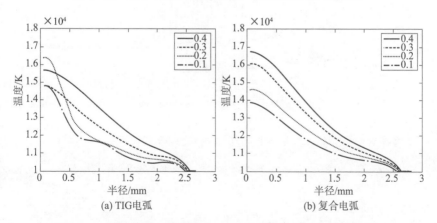

图 2-16　TIG 焊接电弧和激光-TIG 复合焊接电弧电子温度对比

北京工业大学吴世凯博士采用光谱仪对激光穿过水冷铜电极电弧进行光谱诊断，并通过玻耳兹曼图法对电子温度进行计算，根据 Saha 方程计算了电子密度。图 2-17 为激光作用于 TIG 电弧前后的光谱特征，由于 TIG 电弧作用在水冷铜电极之上，可以发现 TIG 电弧在加入激光前后均由 Ar 谱线组成，但是加入激光之后整个谱线强度增加，并且随着激光功率的增加谱线强度增加，激光功率为 1 000 W 时的光谱强度要大于激光功率为 500 W 的光谱强度。表 2-1 为激光功率为 500 W 时在不同位置穿过电弧的电子温度和密度，可以发现加入激光之后的 TIG 电弧电子温度、密度均增大，激光从阳极附近入射到电弧的电子温度和密度增幅最大。

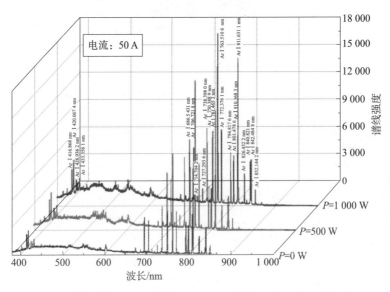

图 2-17 CO_2 激光对 Ar 电弧的光谱特征的影响

表 2-1 CO_2 激光对电弧局部电子密度的影响

激光入射位置 ($P = 500$ W)	TIG 电弧 ($I = 50$ A)		激光-TIG 复合	
	局部电子温度 T_e /K	局部电子密度 N_e /(10^{23}/m^{-3})	局部电子温度 T_e /K	局部电子密度 N_e /(10^{23}/m^{-3})
阴极区	14 013	1.09	14 366	1.23

续表

激光入射位置 ($P = 500$ W)	TIG 电弧 ($I = 50$ A)		激光-TIG 复合	
	局部电子温度 T_e/K	局部电子密度 N_e/(10^{23}/m^{-3})	局部电子温度 T_e/K	局部电子密度 N_e/(10^{23}/m^{-3})
中部区域	13 048	0.73	14 229	1.18
阳极区	9 445	0.05	13 971	1.08

　　荷兰金属研究所 B. Hu 等人用光谱法对激光-TIG 复合电弧组成和电子温度进行了测量。测量区域为接近电极和弧根处,如图 2 - 18 所示,通过玻耳兹曼图法获得了该区域的电子温度分布。研究结果表明无论是区域 1 还是区域 2 的复合热源中 Fe 离子与 Ar 离子的比例显著比单电弧的高,而复合热源的电子温度比单电弧的低。由此可以得出,在激光-TIG 复合电弧中增加了光致等离子体产生的金属原子成分,增强了电弧的导电性能,另一方面,增加了光致等离子体成分之后电弧的电子温度比常规 TIG 电弧还要低。这表明激光-电弧复合焊接由于激光的作用使得电弧的物理特性得到本质上的改变。

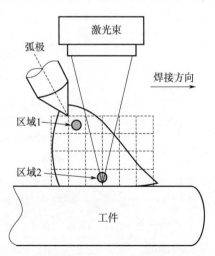

图 2 - 18　激光-电弧复合焊接电弧光谱诊断区域

大连理工大学黄瑞生博士采用光谱诊断对 YAG 激光-MAG 复合电弧行为进行了光谱分析,并基于玻耳兹曼图法和 Stark 展宽计算了电子温度和密度。如图 2-19 和图 2-20 所示,研究发现激光-MAG 复合焊接的电弧电子密度和温度均高于单 MAG 焊电弧,同时在距离工件不同高度上的电弧空间存在差异,当距激光作用点小于 1.5 mm 时,复合电弧的电子温度和密度先升高后降低,在距离到达 0.9 mm 时达到最大值,而当距激光作用点大于 1.5 mm 时,复合焊的电子温度、密度与单 MAG 焊的相当。

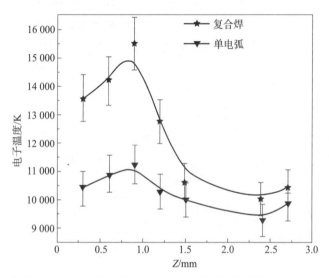

图 2-19　激光-MAG 电弧复合焊接与 MAG 焊接不同电弧位置上的电子温度比较

大连理工大学郝新锋博士对小功率的激光-TIG 复合焊接镁合金电弧进行了光谱分析,从谱线特征来看,TIG 电弧和复合热源谱线包括了连续谱和线状谱线,如图 2-21 所示,TIG 电弧 Ar 谱线很强而 Mg 谱线较弱,而复合热源相反,这表明激光-电弧复合焊接由于激光匙孔效应产生了大量的金属蒸气进入了 TIG 电弧;同时基于玻耳兹曼图法和 Stark 展宽法对电子温度和密度进行了计算,结果表明与单电弧相比复合焊电弧的电子温度下降而电子密度上升。

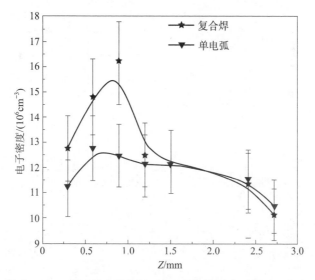

图 2 - 20　激光-MAG 电弧复合焊接与 MAG 焊接不同电弧位置上的电子密度比较

　　宾夕法尼亚州立大学的 B. Ribic 等人研究了激光-电弧复合焊接电弧光谱特征,着重探讨了影响复合焊接质量的热源间距、电弧电流这两个重要参数对电弧的平均电子温度、密度和电导率的影响规律。激光和电弧热源间距增加导致复合焊等离子体的电子温度、密度、电导率、电弧稳定性均下降,而增加电弧电流则对这些参数均没有较大的增加幅度;复合等离子体的电子温度、密度、电导率和电弧稳定性均要比单电弧、单激光焊要大;复合焊电弧的稳定性和电导率的增加源于与激光焊或者电弧焊相关的热流、电子温度、密度、金属蒸气含量的增加。

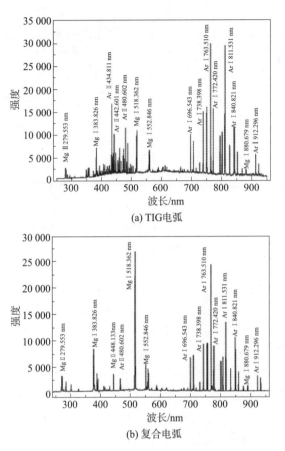

(a) TIG电弧

(b) 复合电弧

图 2 - 21　TIG 电弧和复合电弧光谱

第 3 章　激光-电弧双侧作用下电弧行为

　　激光与电弧的相互作用机理是激光-电弧复合焊接过程控制的物理基础。常规的激光-电弧同侧复合焊接条件下激光和光致金属等离子体同时作用于电弧，难以分清激光和光致金属等离子体在电弧中各自起到的作用。为此，建立激光-TIG 电弧双侧焊接条件，通过控制激光焊匙孔的穿透程度，系统地分析了电弧中光致金属等离子体和激光从无到有、从少到多的变化过程对电弧形态、物理特征的影响规律。采用光谱诊断计算分析激光作用下电弧光谱特征和电子温度、密度分布规律，进而阐释激光对电弧作用的物理机制。

3.1　激光-TIG 双侧作用下电弧等离子体特征

　　图 3-1 所示为激光-电弧双侧焊示意图，激光和 TIG 电弧位于工件两侧，各自的轴线在同一直线上并与工件保持垂直。对 4 mm 厚的 5A06 铝合金开展激光-电弧双侧焊试验。

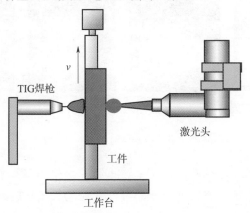

图 3-1　激光-电弧双侧焊示意图

3.1.1　激光-电弧双侧作用下电弧光谱特征

3.1.1.1　激光-电弧双侧作用下的电弧形态

如图 3-2（a）所示，单 TIG 焊电弧呈发散的钟罩型，而在激光-电弧双侧作用过程中随着激光功率由小到大的变化，依次呈现出弧柱整体收缩、电弧弧根收缩和弧柱整体膨胀三种形态特征的电弧，如图 3-2（b）、（c）和（d）所示激光功率分别为 1.6 kW、2.0 kW 和 2.8 kW 时典型的弧柱收缩、弧根收缩和弧柱膨胀的电弧形态。

电弧形态的变化从某种程度上反映了电弧特性的改变，它不仅直接影响电弧热源自身的热传输特性，例如相同参数下收缩的电弧比发散的电弧往往具有更高的电流密度及相应更高的焊接熔化效率，而且电弧形态与焊接过程的稳定性和适应性也密切相关。TIG 电弧最高功率密度为 $1.5×10^4$ W/cm^2，而激光深熔焊激光功率密度大于 10^6 W/cm^2，高于 TIG 焊热源好几个数量级，这种能量密度的巨大差异最明显的反映就是对焊接速度的适应性。因此无论是激光-电弧复合焊接还是激光-电弧双侧焊接仍然能维持甚至还要高于单激光焊接的焊接速度，必然要求 TIG 电弧在激光作用下改变自身的能量密度和稳定性。

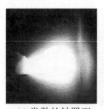   

(a) 发散的钟罩型　　(b) 电弧弧柱收缩　　(c) 电弧弧根收缩　　(d) 电弧弧柱膨胀
　(TIG电弧)　　　　（P=1.6 kW）　　　（P=2.0 kW）　　　（P=2.8 kW）

图 3-2　激光-电弧双侧作用下的典型电弧形态（I =60 A, v =1 m/min）

图 3-3 和图 3-4 分别为激光-电弧双侧作用不同激光功率下的弧根尺寸和电弧电流密度变化，可以发现电弧弧柱收缩时弧根尺寸与单 TIG 电弧相比略有降低，电弧电流密度随之较小幅度增加；而

在电弧弧根收缩时弧根尺寸大幅度减小，电弧电流密度随之迅速增加，峰值电弧电流密度为单电弧密度的近 10 倍；在电弧弧柱膨胀时，电弧弧根尺寸迅速增大，电弧电流密度甚至比单电弧还要低。

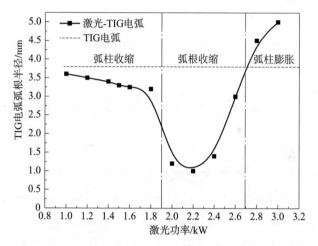

图 3-3　激光-电弧双侧作用下激光功率对电弧弧根半径的影响

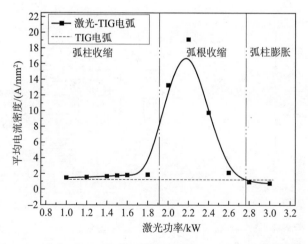

图 3-4　激光-电弧双侧作用下激光功率对电弧电流密度的影响

3.1.1.2　光谱强度在电弧轴线上的分布

光谱辐射是电弧重要的信息源，光谱信息可以反映电弧物理参量的变化规律，因此对激光作用下的电弧光谱特征进行分析是研究激光对电弧作用物理本质的最有效方法。光谱分析是通过监测电弧等离子体的辐射量（光谱强度特征、频域特征以及轮廓特征等），计算获得等离子体的电子温度、密度以及成分等参数。要对焊接电弧进行光谱分析，前提是知道电弧光谱辐射量与其物理参量之间的定量关系。当等离子体满足局域热力学平衡和光学薄的条件下，其内部物理参数之间具有明确物理意义的定量关系，在此条件下的光谱诊断能够大大简化。

图 3-5 所示为激光-电弧双侧焊接电弧光谱测量试验系统示意图。电弧等离子体辐射光通过双胶合透镜呈 1:2 放大倒立的实像，双胶合透镜焦距为 200 mm，透镜距离电弧300 mm，根据成像原理将在距离电弧 600 mm 处成像，通光狭缝对整个电弧空间的辐射光选择性通过以获得空间分辨率；光纤探头把电弧辐射光耦合到光谱仪中，光纤探头位于二维电动平移机构上，可带动光纤探头在像平

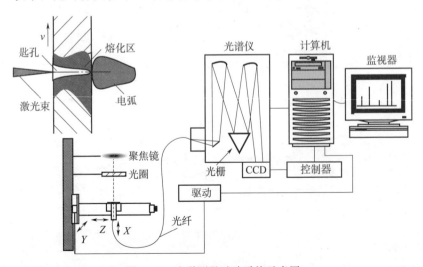

图 3-5　光谱测量试验系统示意图

面上进行二维扫描，二维平移机构的最大行程可达 200 mm，精度可达 1 μm；光谱仪把电弧辐射的复合电磁波分解成单色光谱，并通过 CCD 实现光电转换，控制器把采集到的光电信号在计算机上最终处理成波长与强度的曲线。

　　通过图 3-6 所示铝合金常规 TIG 电弧焊接和激光-电弧双侧焊接电弧轴线中部 320～480 nm 范围光谱特征对比，可以发现常规 TIG 电弧 Ar 谱线比较强，Al、Mg 金属则很弱，而激光-电弧双侧焊接正好相反，Ar 谱线弱，Al、Mg 金属则很强，这表明加入激光之后改变了电弧的物理特征，从而反映出电弧光谱特征的变化。

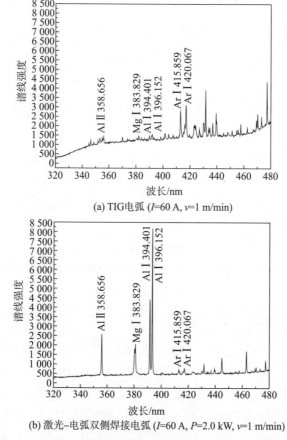

(a) TIG电弧 (I=60 A, v=1 m/min)

(b) 激光-电弧双侧焊接电弧 (I=60 A, P=2.0 kW, v=1 m/min)

图 3-6　常规 TIG 电弧和激光-电弧双侧焊接电弧光谱特征

　　由于电弧光谱强度在电弧空间上存在着梯度变化，因此首先考察了激光-电弧双侧作用不同电弧形态金属谱线和氩谱线强度在电弧空间位置上的变化。根据图 3-6，选择了铝原子 Al I 396.152 nm 和氩原子 Ar I 763.511 nm 这两条强度比较大的线状谱做比较。采用刻痕密度为 300 g/mm 的光栅，一次采集范围约为 159.9 nm，光谱仪入射狭缝宽度为 0.05 mm，CCD 制冷温度为 233 K，曝光时间为 0.5 s（本章后面光谱采集参数均与此相同）。

　　图 3-7 所示为激光-电弧双侧作用不同电弧形态下 Al I 396.152 nm 谱线在电弧轴线上的强度分布。整体来说，在电弧阳极附近不同电弧形态差异较大，而在电弧阴极附近差异变小；在电弧相同位置上，弧柱膨胀时强度最大，弧根收缩时其次，弧柱收缩电弧和单电弧最小且无明显差异。

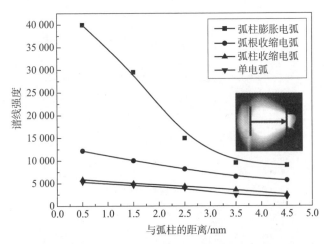

图 3-7　不同电弧形态 Al I 396.152 nm 谱线强度在电弧轴线上的分布

　　图 3-8 所示为激光-电弧双侧作用不同电弧形态下 Ar I 763.511 nm 谱线在电弧轴线上的强度分布。整体来说，同样在电弧阳极附近的不同电弧形态差异较大，在电弧阴极附近的不同电弧形态差异变小；在电弧相同位置上，弧柱膨胀时强度最大，弧根收缩时最小，弧柱收缩电弧和单电弧其次，并且两者无明显差异。

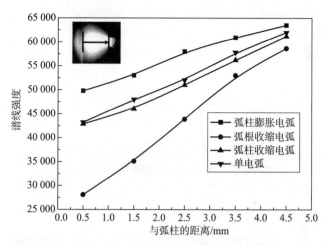

图 3-8　不同电弧形态 Ar I 763.511 nm 谱线强度在电弧轴线上的分布

　　基于上述分析可以看出，不同电弧在电弧阳极附近差异很大，而远离阳极则不明显，因此后面着重分析不同电弧形态阳极附近的光谱特征以及电子温度、密度变化。

3.1.1.3　典型电弧形态的光谱特征

　　对单 TIG 焊电弧和激光-电弧双侧作用下不同形态的电弧轴线上距离阳极 0.5 mm 处光谱进行采集，着重考察以金属谱线为主的 320～480 nm 和以氩谱线为主的 640～800 nm 的光谱特征。

　　图 3-9 所示为 320～480 nm 范围的光谱特征，不同电弧形态的光谱均包括了 Ar I、Al I、Mg I 和 Al II 这几条较为显著的线状谱，但是它们的强度存在很大的差异。图 3-9（a）所示为单 TIG 焊电弧光谱特征，此时电弧等离子体除了保护气 Ar 原子外，还存在阳极（母材 5A06 铝合金）蒸发产生的 Al 原子、Mg 原子和少量一次电离 Al 离子；图 3-9（b）所示为激光-电弧双侧作用电弧弧柱收缩时电弧光谱特征，与单 TIG 焊电弧相比并未发生显著的变化；图 3-9（c）所示为弧根收缩时电弧光谱特征，Mg I、Al I 金属谱线强度迅速增加，而 Ar I 谱线强度则有一定程度的下降；图 3-9（d）所示

为弧柱膨胀时电弧光谱特征，MgⅠ、AlⅠ金属谱线和ArⅠ的强度均大幅度增加。

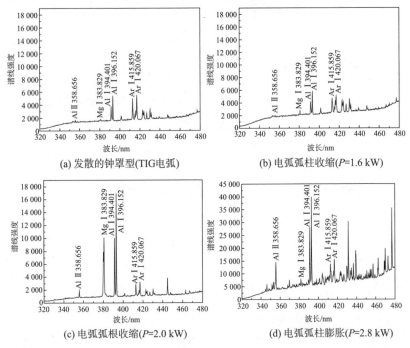

图 3-9　不同电弧形态 320～480 nm 范围的光谱特征 （$I = 60$ A，$v = 1$ m/min）

　　图 3-10 直观地给出了 320～480 nm 范围几条典型谱线在不同电弧形态下强度的变化，可以发现 AlⅡ 358.656 nm 谱线强度在激光-电弧双侧作用电弧弧柱收缩和弧根收缩时与单 TIG 电弧相比，均无明显变化，分别为 2 002、1 869 和 1 654，而在电弧膨胀时的强度达到 10 089，高达单电弧的 8 倍以上；MgⅠ 383.829 nm 谱线的强度在弧柱收缩时比单 TIG 电弧略有增加，分别为 2 875 和 1 785，而在弧根收缩时大幅度增加，强度为 10 089，高达单电弧的 5 倍以上，而在弧柱膨胀时下降到 6 076；AlⅠ 396.152 nm 谱线的强度在弧柱收缩时与单 TIG 电弧相比，也无明显变化，而在弧根收缩和弧柱膨胀时大幅度地增加，分别为单 TIG 电弧的 3 倍和 7 倍以上；ArⅠ

420.067 nm 谱线的强度在弧柱收缩和弧根收缩时与单 TIG 电弧相比，略有下降，分别为 4 373、3 260 和 5 571，而在激光匙孔过量穿透时大幅度增强，接近单电弧的 3 倍。

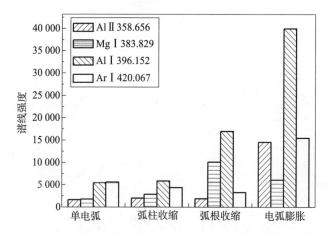

图 3-10 不同电弧形态下 320～480 nm 范围典型谱线的强度

图 3-11 所示为 640～800 nm 范围的光谱特征，在此波长范围内，无论是 TIG 电弧还是激光-TIG 电弧双侧作用不同电弧形态下的电弧光谱均由 Ar I 谱线组成，只是强度存在着差异。激光-TIG 电弧双侧作用弧柱收缩时 ［图 3-11（b）］ 所有的 Ar I 谱线强度均比单 TIG 电弧 ［图 3-11（a）］ 略有下降，在弧根收缩时 ［图 3-11（c）］ 所有的 Ar I 谱线强度大幅度下降，而在弧柱膨胀时 ［图 3-11（d）］ 所有 Ar I 谱线强度又增加到比单 TIG 电弧稍高的程度。

如图 3-12 所示，以 Ar I 763.511 nm 谱线强度为例，单 TIG 电弧强度为 47 227，激光-TIG 双侧焊弧柱收缩、弧根收缩和弧柱膨胀时光谱强度分别为 42 871、28 075 和 49 778，分别为单 TIG 电弧的 90.8%、59.4% 和 105.4%。

根据上述 320～480 nm 以及 640～800 nm 范围 5A06 铝合金激光-电弧双侧作用不同电弧形态下的电弧光谱与单 TIG 电弧光谱特征

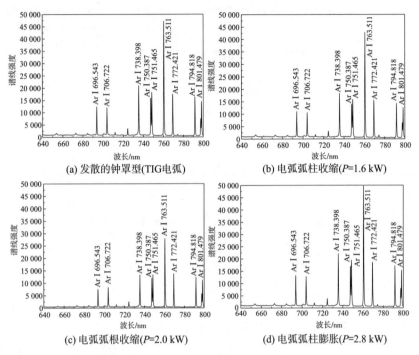

图 3-11　不同电弧形态 640～800 nm 范围的光谱特征（ $I = 60$ A, $v = 1$ m/min）

的比较，可以得出以下规律：单 TIG 电弧光谱以 Ar 原子谱线为主，同时含有强度较弱的 Al、Mg 金属原子谱线；弧柱收缩时与单 TIG 电弧差异不大，均是 Ar 原子谱线较强，而 Al、Mg 金属谱线弱；弧根收缩时电弧光谱中的 Al、Mg 金属原子谱线强度增强而 Ar 谱线强度减弱；弧柱膨胀时电弧光谱中的 Ar 原子谱线和 Al、Mg 金属原子谱线的强度均非常高。

3.1.1.4　光谱强度随激光功率的变化

为了研究激光-电弧双侧作用不同电弧形态的光谱强度随激光功率的变化过程，采集了不同激光功率下的电弧光谱，考察了电弧等离子体金属谱线和氩谱线强度的变化，其中金属谱线以 Al Ⅰ 396.152 nm 为例，氩谱线以 Ar Ⅰ 763.511 nm 为例。从前面已经知

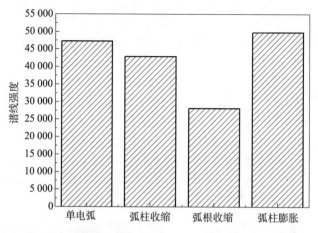

图 3-12　不同电弧形态下 Ar I 763.511 nm 谱线的强度

道不同电弧形态的光谱强度在电弧阳极差异较大，而阴极附近差异较小，因此只分析了电弧轴线上距离电弧阳极 0.5 mm 的位置点光谱强度随激光功率的变化规律。

图 3-13 所示为激光-电弧双侧作用电弧 Al I 396.152 nm 谱线强度随激光变化的过程，当激光功率为 1.0～1.8 kW 时即电弧处于弧柱收缩时，此时强度基本无显著变化，而一旦激光功率高于 2.0 kW 时即电弧处于弧根收缩后，Al 原子的强度迅速增加且持续增加。

分析认为激光功率为 1.0～1.8 kW 时，由于激光功率较小，匙孔并未穿透整个工件，由于电弧能量密度较低，此时激光匙孔预热与电弧自身加热共同作用下的电弧侧熔池温度尚未达到材料的沸点，熔池蒸发产生的 Al 原子较少，因而电弧 Al 原子的强度较低，强度约为 6 000；当激光功率大于 2 kW 后，匙孔穿透整个工件，电弧侧匙孔形成的金属等离子体进入电弧之中，此时电弧中含有大量的 Al 原子，因而电弧 Al 原子的强度较高，并且随着激光功率的增加，电弧中的 Al 原子含量持续增加，在电弧膨胀时高达 40 000 以上。同时可以发现 1.9 kW 激光功率是 Ar 原子谱线强度从缓慢变化到迅速增

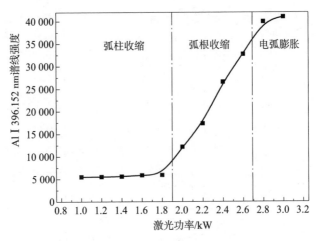

图 3 - 13　激光功率对电弧 Al I 396.152 nm 谱线强度的影响

($I = 60$ A, $v = 1$ m/min)

加的临界点，在低于 1.9 kW 时激光功率只会对电弧 Al 原子的光谱强度产生较为缓慢的影响，而一旦达到临界点，电弧 Al 原子强度迅速增加，约从 6 000 增加至 12 000。

　　图 3 - 14 所示为激光-电弧双侧作用电弧 Ar I 763.511 nm 谱线强度随激光变化的过程，Ar 谱线并不像 Al 谱线一样单调的变化。当激光功率为 1.0～1.8 kW 时即电弧处于弧柱收缩时，强度只略有下降。当激光功率为 2.0～2.6 kW 时即电弧处于弧根收缩时，匙孔穿透整个工件，电弧侧匙孔形成的金属等离子体进入电弧之中，金属成分增加导致 Ar 原子强度整体较低。而激光功率继续增大至电弧膨胀时，由于激光功率较大，电弧通过逆韧致吸收机制吸收激光的能量，使得电弧中更多的 Ar 原子的电子能级处于激发态，Ar 原子强度反而大幅度地增加，关于激光对 TIG 电弧氩谱线的影响将在后面进行详细叙述。激光在 2.2 kW 时 Ar 原子光谱强度呈上升趋势，表明此时激光可能直接作用于电弧。

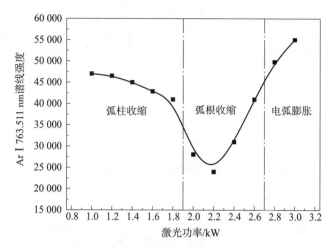

图 3 - 14　激光功率对电弧 Ar I 763.511 nm 谱线强度的影响
（$I = 60$ A，$v = 1$ m/min）

3.1.2　激光-电弧双侧作用下电弧等离子体电子温度、密度

3.1.2.1　电弧等离子体电子温度

计算电弧电子温度的三种常用方法：相对强度法、Boltzmann 图法以及 Saha - Boltzmann 法。宾夕法尼亚州立大学的 B. Ribic 等人采用了基于 Cr I 522.49 nm 和 Cr I 534.83 nm 这两条谱线的相对强度法，计算了 304 L 不锈钢激光 - TIG 电弧复合焊接电弧电子温度，大连理工大学的黄瑞生博士和郝新峰则分别采用了基于 6 条 Fe II 谱线和 3 条 Mg I 谱线的 Boltzmann 图法，计算了 Q235 钢激光-MAG 电弧复合焊接和 AZ31B 镁合金激光 - TIG 电弧复合焊接电弧电子温度。

结合到实际采集到的电弧光谱，采用相对强度法计算电子温度，即使选择具有最大上能级差的 Ar I 750.387 nm 和 Ar I 801.479 nm 这两条谱线，也不能满足两条谱线的能级差远大于玻耳兹曼常数与电子温度的乘积即 $E_{m(1)} - E_{m(2)} > KT$ 的条件，因此计算误差较大；对

于 Boltzmann 图法，为了减小误差，最好选择相同元素、相同电离
阶次的谱线，虽然图 3-11 所示的电弧光谱存在 9 条 Ar I 谱线，然
而这些谱线的上能级差较小，因此计算误差也较大。图 3-9 所示电
弧光谱中存在 Al 原子谱线 Al I 396.152 nm 和一次电离的 Al 离子
谱线 Al II 358.656 nm，因此可以采用 Saha-Boltzmann 法来计算电
子温度，同时由于相同元素的电离能要远大于同种粒子不同能级之
间的能级差，采用该方法计算电子温度可以大大地提高计算精度，
因此采用 Saha-Boltzmann 法计算电弧电子温度。

　　表 3-1 列出 Saha-Boltzmann 法计算电弧等离子体电子温度所
需的原子光谱数据。

表 3-1　计算电子温度所需的原子光谱数据

谱线	跃进概率 $y/(s^{-1})$	子层的静态重量 g	上层的激发能 E/eV
Al II　358.656 nm	2.35×10^8	5	15.302 545
Al I　394.401 nm	4.93×10^7	2	3.142 721 0

　　图 3-15 所示为激光-电弧双侧作用下电弧轴线上距离阳极
0.5 mm 处的电弧电子温度随激光功率的变化。在电弧弧柱收缩时
（1.0~1.8 kW），随着激光功率的增加，电弧电子温度基本无明显
变化，约 10 000 K；弧根收缩时（2.0~2.6 kW），电弧电子温度整
体下降，约 6 000~8 500 K；而在电弧膨胀时，电弧电子温度增加
到 10 000 K 左右，与弧柱收缩时大致相当。

　　电弧电子温度随激光功率变化与谱线强度随激光功率变化类似，
激光功率为 1.9 kW 即电弧弧柱收缩和弧根收缩发生转变时，电子温
度发生突变，分析认为此时匙孔穿透整个工件，少量光致金属等离
子体进入电弧降低了电弧电子温度；同时激光功率超过 2.2 kW 后，
电子温度呈上升趋势，分析认为大量光致金属等离子体自身的高温
特性增加了电弧的电子温度，同时一部分激光作用于电弧，电弧吸
收激光能量增加了电弧电子温度。

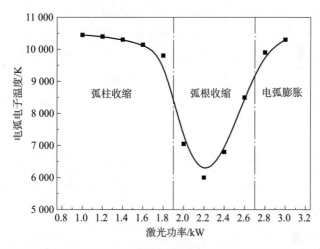

图 3-15　激光功率对电弧电子温度的影响（$I = 60$ A，$v = 1$ m/min）

3.1.2.2　电弧等离子体电子密度

采用 Stark 展宽法计算电子密度的精度取决于谱线半高全宽的测量以及电子碰撞展宽系数的准确程度。对于低温等离子体，虽然氢谱线具有准确的电子碰撞展宽系数，但是试验中发现即使在电弧中掺入少量的氢气作为示踪原子也可能显著地改变等离子体的性质。这与其他研究者遇到的情况类似，中北大学李志勇等人在采用 Stark 展宽法计算激光-MIG 电弧复合焊接电弧电子密度时，也尝试了加入 0.6% 的氢原子，同样发现了谱线线型和电弧稳定性的改变，最终采用 ArⅠ 696.54 nm 谱线的展宽来计算复合电弧电子密度。

目前计算激光-电弧复合焊接电弧电子密度均直接采用复合电弧中的金属或者氩谱线，例如宾夕法尼亚大学的 B. Ribic 等人采用 FeⅠ 538.34 nm 的展宽计算了 304L 不锈钢激光-TIG 电弧复合焊接电弧电子密度，大连理工大学的黄瑞生博士和郝新峰博士则分别采用了 FeⅡ 238.863 nm 和 MgⅠ 516.732 nm 计算了 Q235 钢激光-MAG 电弧复合焊接和 AZ31B 镁合金激光-TIG 电弧复合焊接电弧电子密度。

结合到实际采集到的电弧光谱，考虑到 Ar I 863.511 nm 谱线稳定性好、自吸收效应小，因此选用它来计算电弧的电子密度。

焊接电弧等离子体谱线 Stark 展宽线型主要为 Lorentzian 函数型，因此采用 Lorentzian 函数对采集到的光谱数据进行拟合，Lorentzian 函数的表达式如下

$$y = y_0 + \frac{2A}{\pi} \frac{W}{4(x - x_c) + W^2} \tag{3-1}$$

式中　x_c——中心波长；

　　　y_0——噪声辐射；

　　　W——谱线半高全宽值；

　　　A——谱线包围面积。

采用 Origin 软件对试验测量的数据进行 Lorentzian 函数拟合，获得谱线的半高全宽值，如图 3-16 所示。

图 3-17 所示为激光-电弧双侧作用下电弧轴线上距离阳极 0.5 mm 处的电弧电子密度随激光功率的变化。在电弧弧柱收缩阶段（1.0～1.8 kW）随着激光功率的增加，电弧电子密度增加不明显，约为 3×10^{16} cm^{-3}；电弧弧根收缩时电弧电子密度迅速增加，最高可达 8.15×10^{16} cm^{-3}；电弧弧柱膨胀时，电子密度整体下降，最低只有 1.79×10^{16} cm^{-3}。与电子温度随激光功率变化类似，激光功率为 1.9 kW，即电弧弧柱收缩和弧根收缩发生转变时，电子密度亦发生突变。由此可见电弧的电子密度与电弧形态的聚集状态密切相关，在恒流特性的氩弧焊机下，电弧形态的收缩往往具有更高的电弧电流密度和电子密度，而膨胀的电弧则与之相反。

3.1.3　激光-电弧双侧焊接熔透状态分析

匙孔效应是激光深熔焊的核心和本质，匙孔不仅影响激光焊过程的稳定性，同时还通过熔池影响焊缝形态。鉴于此根据匙孔穿透程度以及随之在电弧侧产生的光致金属等离子体的多少把全熔透的激光-电弧双侧焊接分为匙孔未穿透、少量光致金属等离子体穿透以

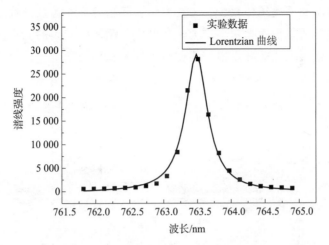

图 3 - 16　谱线线型的 Lorentzian 拟合

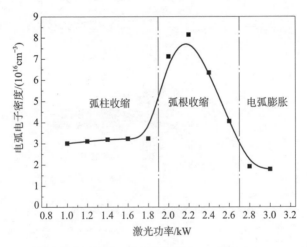

图 3 - 17　激光功率对电弧电子密度的影响 （ $I = 60$ A， $v = 1$ m/min）

及大量光致金属等离子体穿透这三种熔透模式，如图 3 - 18 所示。匙孔未穿透模式即激光焊的匙孔底部未生长到电弧一侧的材料表面 [图 3 - 18 （a）]，此时光致金属等离子体不会进入电弧之中；少量光致金属等离子体穿透即激光能量使得激光焊匙孔刚刚穿透整个工件 [图 3 - 18 （b）]，在电弧一侧产生少量的光致金属等离子体，由于光致金属等离子体较少，主要聚集在弧根处；而大量光致金属等离子体穿透是指激光功率较大，在电弧一侧产生较多的光致金属等离子体进入电弧弧柱之中，甚至激光焊匙孔穿透整个工件后依然有较多的激光能量未被吸收完从而进入电弧等离子体中［图 3 - 18 （c）］。

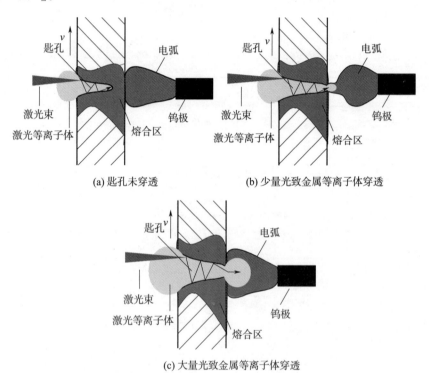

(a) 匙孔未穿透　　　　　　(b) 少量光致金属等离子体穿透

(c) 大量光致金属等离子体穿透

图 3 - 18　激光-电弧双侧焊接不同熔透状态示意图

采用光电管检测工件背面穿透的等离子体或者用温度传感器测量工件背面温度，以及采用 CMOS 同轴传感器获取激光焊熔池及匙孔辐射是判定激光焊熔透状态的常见办法。但是由于电弧对匙孔穿透工件后形成的光致金属等离子体干扰，致使光电管和温度传感器无法在激光-电弧双侧焊接条件下使用，而铝合金 CO_2 激光焊接强烈的等离子体限制了 CMOS 同轴传感器的使用，因此无法采用试验的办法来检测激光-电弧双侧焊接的熔透模式。

尽管无法用试验的办法明确地知道具体的焊接参数下的激光-电弧双侧焊接的熔透模式，但是一方面从匙孔未穿透到少量光致金属等离子体穿透，再到大量光致金属等离子体穿透正是由于激光功率的逐渐增大导致了熔透模式的变迁，这与电弧弧柱收缩、弧根收缩、弧柱膨胀的转变过程一样都是由于激光功率的递增所致；另一方面所定义的不同熔透模式也恰好反映了激光对电弧作用的本质原因，能够较好地解释三种不同电弧形态产生的物理机制。因此本书认为不同激光功率下激光-电弧双侧作用下呈现不同的电弧形态与上述不同的焊接熔透模式之间是一一对应关系。即在匙孔未穿透条件下电弧弧柱收缩、少量光致金属等离子体穿透时电弧弧根收缩以及大量光致金属等离子体穿透时弧柱膨胀。

从前述的不同电弧形态下的光谱特征可知，在激光-电弧双侧作用下弧柱收缩时的光谱强度与单 TIG 电弧并无明显的差异，均是 Ar 谱线较强而 Al、Mg 金属谱线较弱，激光产生的光致金属等离子体未进入电弧，这也表明此时激光-电弧双侧焊接处于匙孔未熔透状态，无光致金属等离子体作用于电弧；弧根收缩电弧的 Al、Mg 金属谱线增强而 Ar 谱线减弱，表明匙孔穿透了整个工件，有金属光致等离子体进入电弧之中，即弧根收缩时处于少量光致金属等离子体穿透状态；弧柱膨胀时 Al、Mg 金属谱线比弧根收缩时更强，同时 Ar 谱线的强度也迅速增加，这表明大量的光致金属等离子体进入电弧之中，同时激光也进入了电弧，促进了 Ar 原子的激发，因此弧柱膨胀时处于大量光致金属等离子体穿透状态。

从上面的分析可以看出把三种熔透状态和三种电弧形态对应起来之后，就可以很好地利用光谱特征来阐释激光-电弧双侧作用下不同电弧形态产生的物理机理，本书后面将从激光-电弧双侧焊接温度场的角度进一步证明典型电弧形态对应的熔透模式，同时深入分析不同电弧形态下激光对电弧作用的本质原因。

3.2　激光体热源产生的热斑点对电弧的作用

在前面对激光-电弧双侧作用下的电弧光谱特征以及电弧电子温度、密度进行了分析，结果发现电弧弧柱收缩时电弧光谱特征与单TIG焊电弧相比并未发生明显的差异，这表明此时激光作用下的电弧成分分布以及粒子状态并未发生本质的变化，那么如何解释匙孔未穿透时电弧弧柱收缩的现象呢？在匙孔未穿透时，激光以及金属等离子体均未直接作用于电弧，电弧中无光致金属等离子体，激光只能是通过预热作用影响电弧。为此本节主要从激光-电弧双侧作用下加热区温度场特征来探讨匙孔未穿透时，激光加热形成的热源在工件背面预热形成的大温度梯度的热斑点对电弧形态、稳定性的影响。

首先采用红外热像仪测温的技术手段对不同热源、材料下的温度场进行测量，分析不同热源在不同材料预热作用下的温度场与电弧形态之间的关系，进而归纳出匙孔未穿透条件下弧柱收缩时激光背面预热形成的温度场特征；由于红外测温的局限性，无法测量出电弧笼罩下的熔池温度，因此采用数值模拟计算激光作用下电弧熔池温度场特征，计算出电弧弧柱收缩的临界温度梯度值；探讨匙孔未穿透条件下激光稳定、压缩电弧的原因；最后从焊接温度场的角度证明三种典型电弧形态所对应的熔透状态。

3.2.1　基于红外测温的激光预热温度场特征

3.2.1.1　不同热源在铝合金背面的预热效果

通过试验发现了铝合金激光-电弧双侧作用下匙孔未穿透时电弧弧柱整体收缩的现象，为了研究激光在铝合金工件背面预热对电弧的作用，设计了TIG电弧以及均匀热源在铝合金背面预热作用下的电弧作为对比试验。

图3-19所示分别为激光、电弧以及均匀热源预热作用下的

TIG 电弧形态，为了更加明显地区分出三种热源预热作用下的电弧差异，试验中的焊接速度高达 2 m/min。可以看出均匀热源预热铝合金工件并不能保证 TIG 焊电弧的稳定，此时电弧有非常大的拖尾现象，如图 3-19（a）所示；而在 TIG 电弧预热条件下，TIG 电弧的拖尾有一定程度减少，稳定性明显增强，如图 3-19（b）所示，这也与一些关于双面电弧焊接的文献结论一致；而在激光预热作用下的 TIG 电弧（即激光-电弧双侧作用下的电弧）则非常的稳定，弧根明显地作用于激光形成的热斑点处，如图 3-19（c）所示。

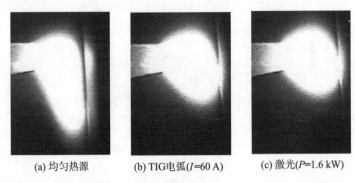

(a) 均匀热源　　　　(b) TIG电弧(I=60 A)　　　　(c) 激光(P=1.6 kW)

图 3-19　三种热源预热作用下的电弧形态（$I = 60$ A, $v = 2$ m/min）

图 3-20 所示为三种热源预热作用下的铝合金工件背面红外热像仪测量的温度场分布，可以看出均匀热源预热状态下工件中心温度基本一致，TIG 电弧呈高斯分布的面热源预热则存在一定的温度梯度，而激光体热源预热作用下工件背面的温度场梯度最大。

由于在试验过程中设定三种热源的最高温一致（650 K），只存在温度梯度上的差异，结合三者电弧形态的差异，不难归纳得出一个结论：在上述均匀热源、TIG 电弧以及激光三种热源预热作用下的电弧，温度梯度越大（此时均匀热源可视为一种特殊的非常小的温度梯度的热源），电弧的稳定性越强，激光预热作用产生的温度梯度最大，因而激光-电弧双侧作用下电弧最为稳定。

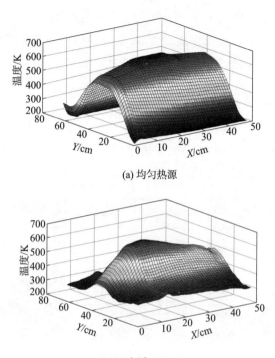

(a) 均匀热源

(b) TIG电弧(*I*=60 A)

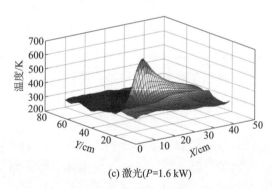

(c) 激光(*P*=1.6 kW)

图 3 - 20　三种热源预热作用下的铝合金工件背面温度场分布
（*v* = 2 m/min）（见彩插）

3.2.1.2　激光在不同材料背面的预热效果

如前文所述，4 mm 厚铝合金激光-电弧双侧作用下不同焊接熔透状态均发现了激光对电弧形态的改变，匙孔未穿透时激光对电弧的预热作用使得电弧弧柱收缩。但是在相同厚度不锈钢激光-电弧双侧作用下的 TIG 电弧形态并没有发生明显的改变，如图 3 - 21 所示不锈钢 TIG 焊电弧和激光预热下的 TIG 焊电弧。

为此采用红外热像仪对这两种材料激光预热工件背面的温度场进行测量。如图 3 - 21 所示，铝合金激光预热温度场梯度非常大，而不锈钢激光预热则较小，分析认为这是由于两种材料的热导率差异所致，5A06 铝合金热导率为 1.17 W/（cm·K），304 不锈钢则为 0.16 W/（cm·K），铝合金的热导率是不锈钢的 7 倍以上。铝合金较高的热导率使得激光热源后方焊接热量迅速散失，而只在激光热源正下方存在瞬时的高温区，因而温度梯度非常大，而对于不锈钢，热导率较小使得激光热源后方的热量来不及散失，焊接路径上能够一直保持较高的温度，因而温度梯度较小。由于通过调整功率设定两种材料的最高温度相同（700 K），因而不锈钢激光预热下的电弧没有出现电弧收缩的原因只可能是材料热导率致使的温度场梯度差异引起的。图 3 - 22 为不同材料激光预热工件背面温度场分布（$I=$ 60 A, $v=1.0$ m/min）。

(a) 单 TIG 焊电弧　　　　　　(b) 激光预热 TIG 焊电弧（P=1.5 kW）

图 3 - 21　不锈钢激光预热的电弧形态（$I=60$ A, $v=1$ m/min）

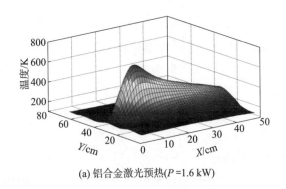

(a) 铝合金激光预热(P=1.6 kW)

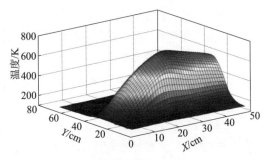

(b) 不锈钢激光预热(P=1.5 kW)

图 3-22　不同材料激光预热工件背面温度场分布

(I=60 A, v=1.0 m/min)（见彩插）

　　通过对比三种不同能量密度分布的热源（激光、TIG 电弧、均匀热源）预热作用下在铝合金材料背面形成的温度场，以及激光在两种热导率差异大的材料（不锈钢、铝合金）预热工件背面形成的温度场，同时对比了上述几种预热条件下的电弧形态和稳定性，可以发现能量密度高的激光体热源在热导率大的铝合金材料背面形成高温度梯度的温度场，从而表明高温度梯度的温度场是激光预热作用稳定电弧的根本原因。

3.2.2　基于数值模拟的激光-电弧双侧焊接温度场特征

　　在 3.2.1 节中采用红外热像仪测量并对比了激光、TIG 电弧以及均匀热源三种热源在铝合金材料背面形成的温度场及其各自预热作用下的电弧形态，以及激光在铝合金和不锈钢这两种材料背面预热作用下的温度场以及电弧形态，而事实上激光-电弧双侧作用下匙孔未穿透时电弧处于激光和电弧热源共同作用下。由于 TIG 焊的焊接熔池被覆盖在电弧等离子体之下，激光焊的焊接熔池也被光致等离子体所遮挡，两种等离子体产生的电磁波信号均会对红外波长产生严重的影响，因此 TIG 焊熔池和激光焊熔池的温度场都不可能被红外热像仪所直接测量到。因此本节采用数值模拟的办法来研究激光-电弧双侧作用下温度场特征。

　　建立激光-电弧双侧焊接数值计算模型来分析激光-电弧双侧作用下加热区的温度场特征。图 3 - 23 为 60 A 电流、1 m/min 焊接速度下的 TIG 焊缝横截面，图 3 - 24 为激光功率分别为 1.4 kW、1.6 kW、1.8 kW 时 1m/min 焊接速度下激光焊缝横截面，图 3 - 25 则为电弧电流为 60 A、不同激光功率组合在 1 m/min 焊接速度下的激光-电弧双侧焊接焊缝横截面，在该能量匹配条件下激光-电弧双侧焊接匙孔均未穿透整个焊缝。

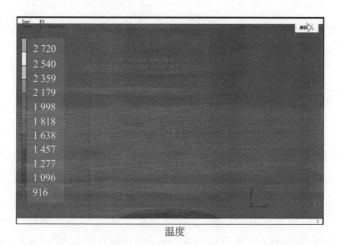

图 3 - 23　TIG 电弧焊温度场分布（$I = 60$ A，$v = 1.0$ m/min）（见彩插）

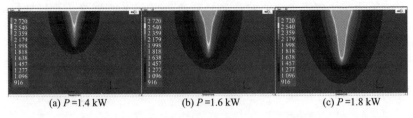

(a) $P = 1.4$ kW　　　　　(b) $P = 1.6$ kW　　　　　(c) $P = 1.8$ kW

图 3 - 24　不同激光功率下激光焊温度场分布（$v = 1.0$ m/min）（见彩插）

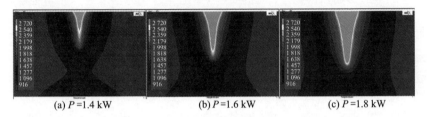

(a) $P = 1.4$ kW　　　　　(b) $P = 1.6$ kW　　　　　(c) $P = 1.8$ kW

图 3 - 25　不同激光功率下激光-电弧双侧焊接接头形貌及温度场分布

（$I = 60$ A，$v = 1.0$ m/min）（见彩插）

在激光-电弧双侧焊接过程中激光作用下的 TIG 电弧焊不仅焊缝熔深、熔宽均明显地增加，而且从焊缝横截面瞬时温度场来看位于激光匙孔正下方的电弧焊熔池形成热斑点。同时热斑点的最高温度随着激光功率的增加而增加，如图 3 - 26 所示，TIG 电弧焊电弧熔池最高温度只有 979 K，而加入 1.8 kW 的激光预热之后，激光-电弧双侧焊接电弧侧熔池最高温度达到了 1 524 K。

图 3 - 27 所示为 TIG 焊接以及激光-电弧双侧焊接过程中电弧侧熔池形貌及温度场分布，从熔池形貌来看，对于小电流 TIG 焊在较高焊接速度（1 m/min）条件下只能形成较小的局部熔化区，因此熔池较小，没有出现拖尾现象，而在激光-电弧双侧焊接时 TIG 焊熔池增大，出现明显的拖尾特征，并且随着激光功率的增加熔池面积增加，拖尾更长。这表明激光-电弧双侧焊接条件下由于激光背面预热作用，TIG 电弧侧的焊缝熔化效率得到了明显的提高，并且随着激光功率的增加，TIG 电弧侧的熔化效率得到提高。同时也可以看出，随着激光功率的增加，电弧侧熔池温度升高。

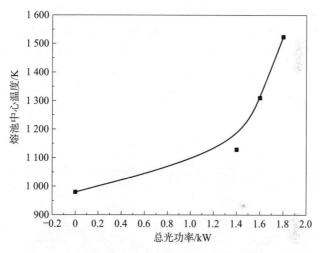

图 3 - 26　激光-电弧双侧焊接电弧侧熔池热斑点最高温度随激光功率的变化

($I = 60$ A, $v = 1.0$ m/min)

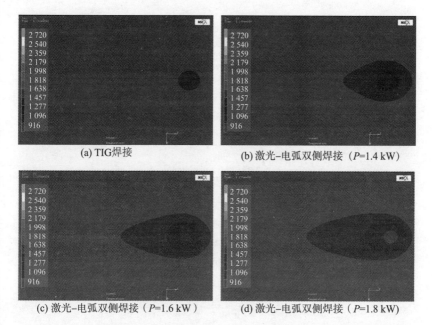

图 3 - 27　TIG 焊接以及激光-电弧双侧焊接过程中电弧侧熔池形貌及温度场分布

($I = 60$ A, $v = 1$ m/min)（见彩插）

　　图 3-28、图 3-29 分别为不同激光功率下的激光-电弧双侧焊接电弧侧熔池以及单 TIG 焊熔池的长轴和短轴上各点温度的分布情况。可以看出激光-电弧双侧焊接电弧熔池的长轴和短轴温度随距离变化的剧烈程度梯度均要大于 TIG 焊熔池，同时激光功率越大，温度随距离的变化程度越大，也就是说激光-电弧双侧焊接 TIG 电弧熔池的温度梯度随激光功率的增大而增大。

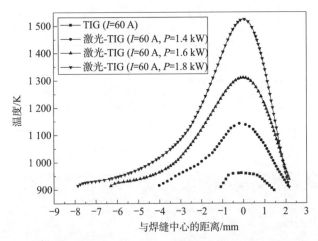

图 3-28　TIG 焊接以及激光-电弧双侧焊接电弧侧熔池长轴温度分布

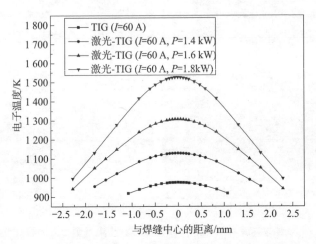

图 3-29　TIG 焊接以及激光-电弧双侧焊接电弧侧熔池短轴温度分布

激光-电弧双侧焊接温度场数值模拟表明，TIG 电弧熔池在激光加热形成的热源背面预热作用下，形成一个大温度梯度的热斑点。

3.2.3　匙孔未穿透时热斑点效应对电弧的影响机制

图 3 - 30 为定量衡量热斑点的温度梯度大小，定义熔池中心（即熔池最高温所在点）与距离熔池中心 1 mm 处的最大温度差值为热斑点的温度梯度的计算结果，可以发现随着激光功率的增加激光-电弧双侧焊接电弧侧熔池的热斑点温度梯度随之增加。在本工艺试验条件下（电弧电流 60 A，焊接速度 1 m/min），在激光-电弧双侧作用下匙孔未穿透时电弧弧柱要发生显著的收缩现象，激光功率不得低于 1.6 kW，此时激光-电弧双侧焊接电弧侧熔池对应的热斑点温度梯度为 70 K/mm，即 70 K/mm 是激光-电弧双侧作用下电弧弧柱收缩时的最小温度梯度。

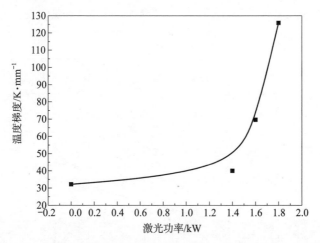

图 3 - 30　激光功率对电弧侧熔池中心与距离中心 1 mm 处的温度梯度的影响

图 3 - 31 为电弧构造与电弧电压分布示意图，电弧空间可以分为阴极区、弧柱区和阳极区，电弧阳极对于电弧整体而言起到接受来自弧柱区电子的作用，同时阳极区需要向弧柱区提供正离子，以平衡阳极区电场的变化。而阳极本身（对于焊接电弧来说无论是钨

极还是工件）并不能产生正离子，只有通过阳极区的保护气或者来自熔池蒸发的金属蒸气电离才能产生正离子，根据粒子物理性质，由于一般金属蒸气原子比保护气原子具有更低的电离能，更容易被电离，因此电荷更容易在金属原子的聚集处形成和流动，从而形成阳极斑点以尽可能保证弧柱能量损耗最低。阳极斑点作为提供正离子和接受电子的局部导电通道，因此阳极斑点的电流密度高于阳极斑点周围的其他区域，数量级一般为 $10^2 \sim 10^3$ A/cm^2。从上述阳极斑点产生的物理机制及其特征可以知道要形成阳极斑点，阳极区首先能熔化产生金属蒸气同时满足局部的金属蒸气密度远远高于其他区域，才能使导电区域集中在一个局部的范围里，一般是低熔点的金属工件作为电弧阳极时才能产生。

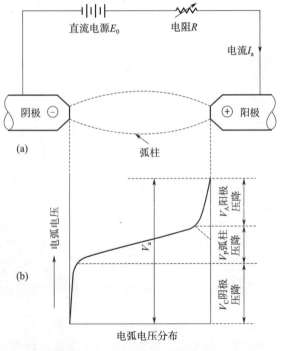

图 3-31　电弧构造与电弧电压分布

采用焊接参数为 60 A 电流、1 m/min 焊接速度的铝合金 TIG 焊，此时小电流、快速焊热输入小，同时铝合金母材散热快，只能形成局部、不连续的熔化，如图3-32 所示。电弧容易在母材的局部已熔化区产生阳极斑点，导致电弧产生拖尾、跳弧等异常现象。一方面激光的加入使得激光-电弧双侧作用下电弧侧熔池变大，似乎使得小电流、快速焊的 TIG 焊阳极斑点产生趋势减小；然而另一方面电弧侧熔池中心出现了一个局部热斑点，该局部热斑点具有中心温度高、温度梯度大的特点，这些特点使得热斑点更容易比熔池的其他区域产生金属蒸发，进而形成局部的电流导电通道，因此在这些热斑点上形成阳极斑点。因此在激光-电弧双侧作用下电弧侧形成的阳极斑点是激光作用下在电弧侧熔池形成中心温度高、温度梯度大的热斑点的必然结果。

图 3-32　小电流、快速的铝合金 TIG 焊形成的局部、不连续熔化焊缝
($I = 60$ A, $v = 1.0$ m/min)

通过检测激光-电弧双侧作用下匙孔未穿透条件下电弧形态随时间的变化，可以发现激光作用下的电弧形态随时间能保持较好的稳定性，并没有出现小电流、快速焊时普遍存在的电弧漂移现象，如图 3-33 所示，也进一步证实了激光加热作用使得激光-电弧双侧作用下电弧侧熔池产生热斑点从而为电弧提供稳定的阳极斑点的观点的合理性。

3.2.4　典型电弧形态所对应的焊接温度场特征

前文根据电弧光谱特征，分析认为激光-电弧双侧作用下电弧弧柱收缩、弧根收缩和弧柱膨胀三种典型的电弧形态依次对应了匙孔未穿透、少量金属等离子体穿透和大量金属等离子体穿透三种焊接

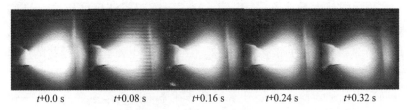

$t+0.0$ s　　　　$t+0.08$ s　　　　$t+0.16$ s　　　　$t+0.24$ s　　　　$t+0.32$ s

图 3-33　激光-电弧双侧作用匙孔未穿透时电弧形态随时间的动态变化

（$I=60$ A，$P=1.6$ kW，$v=1$ m/min）

熔透模式。本节则通过激光-电弧双侧作用下不同电弧形态所对应的焊接温度场特征证明三种典型电弧形态所对应的三种焊接熔透模式。

图 3-34 所示为激光-电弧双侧作用下三种典型电弧形态所对应的焊缝横截面温度场分布，设置了温度场的最低温度为材料的熔点916 K（蓝色所示）、最高温度为材料的沸点2 720 K（灰色所示），因此可以反映出三种熔透模式下的焊缝横截面形貌和匙孔形貌，温度场云图的边缘即焊缝形貌边缘，灰色部分即匙孔形貌。

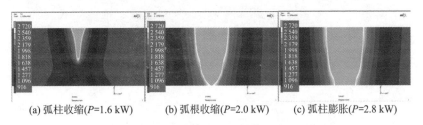

(a) 弧柱收缩($P=1.6$ kW)　　(b) 弧根收缩($P=2.0$ kW)　　(c) 弧柱膨胀($P=2.8$ kW)

图 3-34　典型电弧形态所对应的焊缝横截面温度场分布

（$I=60$ A，$v=1$ m/min）（见彩插）

从焊缝横截面形貌上来看，电弧弧柱收缩时由于激光功率较小，传递到材料中部的热量较小，激光-电弧双侧焊接焊缝呈现出两侧宽、中间窄的"X"形，而在电弧弧根收缩和弧柱膨胀时由于激光功率较大，同时电弧电流较小，两侧的焊缝宽度基本一致，接头呈现处近"H"形的形貌特征。从焊接匙孔形貌上来看，电弧弧柱收缩时匙孔未穿透整个工件，表明激光-电弧双侧焊接处于激光匙孔未穿透状态；电弧弧根收缩时，匙孔穿透整个工件，但是在电弧一侧匙孔开口很小，处于少量金属等离子体穿透状态；电弧弧柱膨胀时，激光匙孔不仅完全穿透整个工件，还在电弧一侧匙孔开口很大，因此处于大量金属等离子体穿透状态。

激光-电弧双侧作用下三种典型电弧形态所对应的电弧侧焊缝温度场分布可以清晰地反映出其对应的熔透状态特征，如图 3-35 所示，其中横轴为电弧侧焊缝表面，零点为焊缝中心。电弧弧柱收缩时，电弧侧焊缝表面的最高温度尚低于材料的沸点；电弧弧根收缩时，电弧侧焊缝表面中心很小的一个区域恰好达到了沸点，如果把匙孔的横截面视为圆形，则根据模拟的结果电弧侧熔池匙孔的直径约为 0.12 mm；当激光功率为 2.8 kW 时即电弧弧柱膨胀时，匙孔继续向电弧侧长大，电弧侧焊缝表面较大的区域超过了材料的沸点，数值计算表明此时电弧一侧熔池匙孔的直径达到了 1.44 mm。

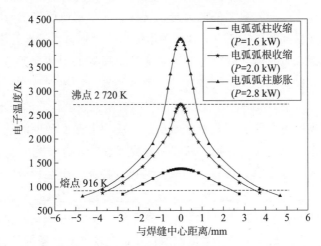

图 3-35　典型电弧形态所对应电弧侧焊缝温度场分布（$I = 60$ A，$v = 1$ m/min）

匙孔是为了描述激光深熔焊而抽象出的一个物理模型，从力学状态上来看匙孔是束流压力、蒸气压力、蒸气反作用力、液态金属压力以及表面张力等各种力的一个动态平衡，匙孔源于熔池在激光能量和各种力的作用下局部汽化，因此其温度高于材料的沸点，其内部充满了金属蒸气以及蒸气电离产生的金属等离子体。因此激光-

电弧双侧作用下电弧弧柱收缩时由于匙孔未穿透到电弧一侧，此时电弧熔池在电弧加热和激光预热下只存在表面的、缓慢的汽化现象，进入电弧的金属等离子体很少，因此弧柱收缩时电弧光谱与单电弧差异不大，这已采用光谱分析证明；弧根收缩时，匙孔恰好穿透到电弧一侧，激光产生的金属等离子体进入电弧之中，因此与单电弧相比，弧根收缩电弧 Al、Mg 谱线增强，而 Ar 谱线则减弱；弧柱膨胀时，匙孔不仅穿透整个工件，还在电弧侧匙孔开口很大，大量的金属等离子体进入电弧中，弧柱膨胀电弧 Al、Mg 谱线也因此更强。

3.3　光致金属等离子体、激光对电弧的作用

在前面提到激光-电弧双侧作用下电弧呈现出弧柱收缩、弧根收缩和弧柱膨胀三种典型的电弧形态特征，并根据电弧光谱特征和焊缝横截面温度场特征证明了这三种电弧形态分别对应了匙孔未穿透、少量光致金属等离子体穿透和大量光致金属等离子体穿透这三种熔透状态。匙孔未穿透时激光以及光致金属等离子体都没有直接作用于电弧，本书第 4 章中采用红外测温和有限元数值计算的技术手段，从温度场的角度分析了激光背面预热形成的大温度梯度的热斑点对电弧形态、稳定性的影响。匙孔一旦穿透整个工件，光致金属等离子体进入电弧之中必然会改变电弧的成分特征，而且当激光功率较大时甚至会有部分激光进入电弧之中，电弧通过逆轫致吸收激光将改变电弧的能量状态。因此本节着重研究了激光-电弧双侧作用下不同量的光致金属等离子体对电弧的作用以及激光对电弧的单独作用，并分析了不同量的光致金属等离子体作用下电弧弧根收缩和电弧弧柱膨胀的原因。

在本节首先通过玻耳兹曼方程和光谱强度方程对少量光致金属等离子体和大量光致金属等离子体对电弧成分改变做进一步分析，并计算了各自对电弧电子温度、密度的影响，分析了光致金属等离子体对电弧电导率和辐射系数这两个至关重要的物理参数的影响；

然后研究了激光对电弧的单独作用，通过理论分析了电弧对激光能量的吸收作用，并采用光谱测量了激光穿过水冷铜极电弧对电弧电子温度、密度的影响；最后探讨了少量光致金属等离子体作用时弧根收缩和大量光致等离子体作用时弧柱膨胀的原因。

3.3.1　少量光致金属等离子体对电弧的作用

3.3.1.1　少量光致金属等离子体对电弧成分的改变

根据玻耳兹曼方程和光谱强度方程，可以推导出等离子体中的两种粒子密度之比

$$\frac{N_a}{N_b} = \frac{I_{mn} Z_a A_{pq} g_p \upsilon_{pq}}{I_{pq} Z_b A_{mn} g_m \upsilon_{mn}} \exp\left(\frac{E_m - E_p}{KT}\right) \tag{3-2}$$

其中，电子温度 T 参照前面 Saha - Boltzmann 方程的计算值，配分函数的值简化为基态统计权重，与其他参数一样可以从美国国家标准与技术研究院（NIST）提供的原子数据库查询。

根据公式（3-2）可以求出电弧等离子体中金属原子（Al、Mg）和保护气原子（Ar）的密度之比，从而量化激光-电弧双侧作用下光致金属等离子体对电弧成分的改变。根据激光-电弧双侧作用下电弧光谱分布特征，本书采用 Al I 396.152 nm 和 Ar I 415.859 nm 这两条谱线来计算 Al 原子和 Ar 原子的密度之比，Mg I 383.829 nm 和 Ar I 415.859 nm 这两条谱线来计算 Mg 原子和 Ar 原子的密度之比，其相关的计算常数见表 3-2。

表 3-2　计算电弧成分的原子常数

谱线	跃进概率 y / (s^{-1})	基态的静态重量 g_0	上层的静态重量 g	上层的激光能 E /eV
Ar I 415.859 nm	1.40×10^6	1	5	14.528 912 6
Mg I 383.829 nm	1.61×10^8	1	5	5.945 913 2
Al I 396.152 nm	9.8×10^7	2	2	3.142 721 0

图 3-36 对比了铝合金激光-电弧双侧作用下少量光致金属等离

子体穿透下弧根收缩电弧和单电弧中 Al 原子与 Ar 原子密度比值。
可以看出对于单 TIG 电弧 Al 原子与 Ar 原子密度比值非常低，并且
在电弧空间分布上的差异不大。弧根收缩电弧 Al 原子与 Ar 原子密
度比值从电弧阴极到阳极迅速增加，距离电弧阴极 0.5 mm 处的比
值仅为 0.2，与单 TIG 电弧焊时 Al 原子与 Ar 原子密度比值相当，
而距离阳极 0.5 mm 处则达到了 20.1，在阳极附近弧根收缩电弧 Al
原子与 Ar 原子的密度比值是单 TIG 电弧的 6 倍以上。

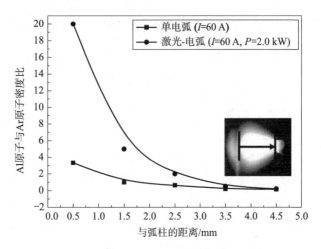

图 3-36　弧根收缩电弧和单 TIG 电弧中 Al 原子与 Ar 原子密度比
（ v =1.0 m/min）

　　图 3-37 对比了铝合金激光-电弧双侧作用下少量光致金属等离
子体穿透下弧根收缩电弧和单电弧中 Mg 原子与 Ar 原子密度比值。
与 Al 原子类似，Mg 原子在单电弧中含量较少，同时在电弧空间上
无太大差异，而在弧根收缩电弧中 Mg 原子密度则迅速增加，在距
阴极 0.5 mm 时 Mg 原子和 Ar 原子密度比值仅为 0.1，而距阳极则
为 6.1，在阳极附近弧根收缩电弧 Mg 原子与 Ar 的密度比值是单
TIG 电弧的 12 倍以上。这表明尽管 Mg 元素在 5A06 铝合金中的含
量只有 6% 左右，但是由于 Mg 原子具有较低的饱和蒸气压，因此在
电弧中依然发现大量的来源于光致金属等离子体的 Mg 原子。

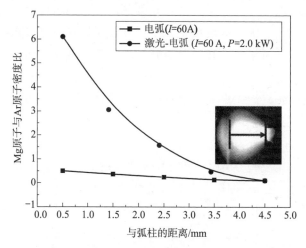

图 3-37　弧根收缩电弧和单 TIG 电弧中 Mg 原子与 Ar 原子密度比
（$v = 1.0$ m/min）

　　从上述对激光-电弧双侧作用下少量光致金属等离子体穿透时电弧中 Al 原子与 Ar 原子的密度比以及 Mg 原子与 Ar 原子的密度比的定量计算，同时与单电弧中的 Al、Mg 原子与 Ar 原子密度比值的比较，可以看出弧根收缩电弧中的 Al、Mg 金属原子的密度迅速增加，同时分布不均匀，越接近电弧阳极具有的金属原子成分越多，而阴极则越少，在单 TIG 电弧中金属原子与 Ar 原子的比值较低，并且在电弧空间上分布差异不大。这表明少量光致金属等离子体穿透状态下 Al、Mg 金属等离子体聚集在电弧的弧根处。

　　由于激光-电弧双侧作用下少量金属等离子体穿透时的弧根收缩电弧是单电弧和激光产生的金属等离子体的复合，同时分析金属等离子体、单电弧以及弧根收缩电弧的光谱有助于更好地了解这三种等离子体之间的关系。

　　激光深熔焊匙孔上方产生的激光等离子体一部分来源于保护气的电离，另一部分来源于匙孔内金属蒸气的电离（即本书所谓的金属等离子体），并且两者随时间呈周期性地变化。激光-电弧双侧作用下激光在电弧一侧产生的激光等离子体来源于匙孔内部的金属等离子体，因此有别于一般激光焊匙孔上方的等离子体。匙孔内部的金属等离子体由于被匙孔壁包围而无法采用光谱仪检测到，而无保护气的激光焊等离子体主要来自金属原子蒸发及部分电离，因此可以认为无保护气激光焊上方的等离子体与来自匙孔内部的金属等离子体成分一致。

图 3-38 所示为无保护气激光焊匙孔上方形成的激光等离子体光谱特征，主要包括 Al I、Mg I 和 Al II 谱线，根据上述分析，试验表明激光-电弧双侧作用下进入弧根收缩电弧的激光等离子体主要是以金属等离子体为主。

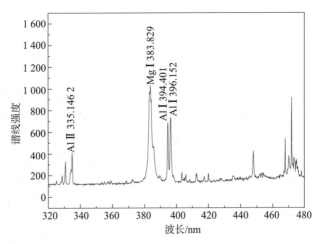

图 3-38　无保护气条件下激光焊匙孔上方形成的激光等离子体光谱特征

图 3-39 所示为单 TIG 焊电弧、激光产生的金属等离子体和激光-电弧双侧作用下弧根收缩电弧这三种等离子体的典型形貌，可以发现弧根收缩电弧的弧根以及下部边缘呈绿色，而光致金属等离子体边缘也呈现出绿色。考虑到等离子体的颜色反映了波长信息，而等离子体的波长代表不同元素的粒子谱线，据此可以认为激光-电弧双侧作用下弧根收缩电弧的弧根以及下部边缘呈绿色的部分正是来自激光产生的金属等离子体。也就是说可以从三种等离子体的图像

上直观地看出少量光致金属等离子体穿透时光致金属等离子体主要聚集在电弧弧根处。

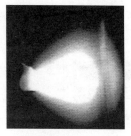  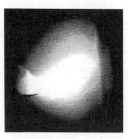

(a) 单TIG电弧　　　　　(b) 激光等离子体　　　　　(c) 弧根收缩电弧

图 3-39　电弧、激光等离子体以及弧根收缩电弧形貌（见彩插）

3.3.1.2　少量光致金属等离子体对电弧电子温度、密度的影响

图 3-40 对比了激光-电弧双侧作用下少量光致金属等离子体穿透时弧根收缩电弧和单 TIG 焊电弧等离子体的电子温度。相对于单 TIG 焊电弧，弧根收缩电弧电子温度下降，并且从电弧的阳极到阴极两者的差距逐渐增大。距离电弧阳极 0.5 mm 处电子温度分别为 10 500 K 和 7 050 K，即弧根收缩电弧阳极附近（弧根位置）的电子温度下降了约 3 000 K 以上。而距离电弧阴极 0.5 mm 处单 TIG 电弧与弧根收缩电弧的电子温度分别为 14 800 K 和 14 300 K，两者的差距为 500 K，考虑到电子温度的测量误差，两者几乎没什么差异。

图 3-41 对比了激光-电弧双侧作用下少量光致金属等离子体穿透时弧根收缩电弧和单 TIG 焊电弧等离子体的电子密度，与电子温度相反，相对于单 TIG 焊电弧，弧根收缩电弧的电子密度增加。跟电子温度相同的是两者的电子密度同样在电弧阴极附近差异不大，而随着接近阳极差异逐渐增大，距离阳极 0.5 mm 处弧根收缩电弧和单 TIG 焊电弧电子密度分别为 7.12×10^{16} cm^{-3} 和 2.95×10^{16} cm^{-3}，弧根收缩电弧是单 TIG 电弧的 2.4 倍以上。

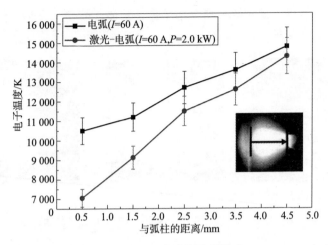

图 3-40　弧根收缩电弧和单 TIG 焊电弧电子温度（$v=1.0$ m/min）

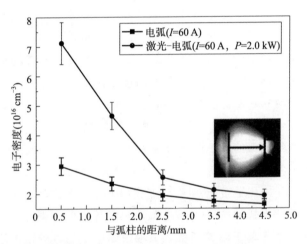

图 3-41　弧根收缩电弧和单 TIG 焊电弧等离子电子密度（$v=1.0$ m/min）

3.3.1.3　光致金属等离子体对电弧电导率和辐射系数的影响

对于单一元素等离子体的电导率 σ 由如下公式给出

$$\sigma = \frac{e^2}{\sqrt{3kT_e m_e}} \frac{N_e}{N_e Q_i + \sum n_a^i Q_a^i} \tag{3-3}$$

式中　e——基元电荷；

　　　T_e——电子温度：

　　　N_e——总的电子密度：

　　　n_a^i——原子密度；

　　　Q_i——电子-粒子碰撞的动能转换横截面；

　　　Q_a^i——电子-原子碰撞的动能转换横截面。

　　要计算多元等离子体系统的电导率，必须要知道等离子体的成分组成。根据前面的分析可知在激光-电弧双侧作用下少量金属等离子体穿透的电弧包含了 Ar、Al、Mg 多种元素，不仅电弧成分复杂，而且分布不均匀，同时 TIG 电弧受到周期性变化的激光等离子体的影响，此时电弧并不是一个相对静止的系统，因此计算激光-电弧双侧作用下的电弧导电率非常困难。

　　大阪大学 K. Yamamoto 等建立了二维静态 TIG 电弧数学模型，该数学模型基于质量连续方程、电弧径向动量守恒方程、电弧轴向动量守恒方程、能量守恒方程以及电流连续方程等一系列的控制方程，使用该模型计算了 He 电弧以及铁含量分别为 1%、10%、20%、30% 的 He 电弧的电导率。图 3-42 所示计算结果表明，电弧温度低于 15 000 K 时随着 He 电弧中 Fe 蒸气的含量增加，电弧的电导率增加。此外 Murphy、Cressault 和 Hoffmann 等人的研究也发现了电弧中的金属蒸气增加了电弧的电导率。

　　根据上述金属蒸气有利于增强电弧的导电性的观点，从而可以定性得出激光形成的光致金属等离子体有利于增强激光-电弧双侧作用下少量金属等离子体穿透条件下的电弧电导率。电弧电导率增强的明显证据是电弧电压下降，M. Tanaka 教授也通过电弧模型计算证明了金属蒸气降低了电弧电压，并实测予以了验证，如图 3-43 所示。图 3-44 所示为激光-TIG 电弧双侧作用下少量光致金属等离子体穿透条件下弧根收缩电弧与单 TIG 电弧电压的比较，弧根收缩电弧电压明显下降，这也直接地证实了激光-电弧双侧作用下由于金属等离子体的进入电弧致使电导率的下降。

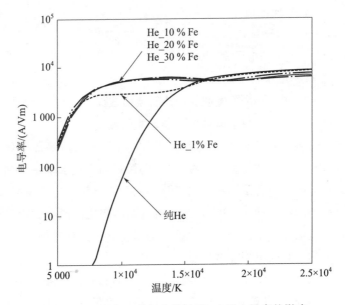

图 3 - 42　不同 Fe 蒸气含量对 He 电弧电导率的影响

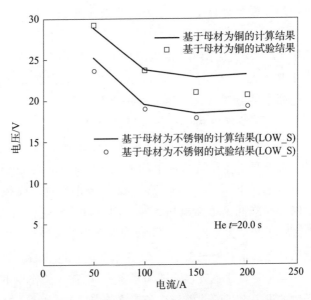

图 3 - 43　实测电弧电压和计算的电弧电压对比

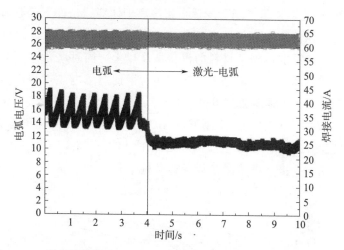

图 3-44　弧根收缩电弧（$I=60$ A，$P=2.0$ kW，$v=1.0$ m/min）和
单 TIG 电弧（$I=60$ A，$v=1.0$ m/min）电压比较

一般认为金属元素的辐射系数要远远高于 Ar、He、N、H 等电弧保护气，计算诸如焊接电弧的热等离子辐射的标准方法是净辐射系数法，计算净辐射系数是一项复杂的工作，尤其是对于金属蒸气往往需要考虑大量的金属谱线，而当前文献提供的这些数据往往存在相当大的偏差。谢布鲁克大学的 Essoltani 和图卢兹第三大学的 Gleize 等计算了 Ar 电弧以及含有 1% 的 Fe、Cu、Al、Si 混合电弧的辐射系数，如图 3-45 所示，可以发现 Ar 电弧中即使混入仅 1% 的金属蒸气也会大幅度地增加电弧的辐射。

电弧中金属蒸气的产生是电弧焊一个很重要的现象，成功的焊接都依赖于金属工件的熔化，这不可避免地会产生一些金属蒸气。而在其过程中金属蒸气的含量取决于 GTAW 的熔池大小和温度，也包括 GMAW 的焊丝电极和熔滴。金属蒸气的产生量可以通过减小焊接电流或者调整其他焊接参数来降低，但是这样一来就降低了焊接效率。正如上述讨论，即使电弧中掺入较低浓度的金属蒸气都会对电弧电导率和辐射系数这两个重要的物理性能产生重要的影响。

而在激光-电弧双侧作用下少量金属等离子体穿透条件下，电弧中金属等离子体的产生不仅靠电弧自身对熔池的熔化、蒸发，此时电弧一侧的熔池温度达到了材料的汽化温度以上，同时匙孔穿过整个工件后光致金属等离子体进入电弧之中，因此与单电弧焊相比，有更多的金属等离子体聚集到电弧，3.1.2.2 节的计算表明少量金属等离子体穿透状态下弧根处 Al 原子与 Ar 原子密度比和 Mg 原子与 Ar 原子密度比分别是单 TIG 电弧的 6 倍和 12 倍。这都表明在激光-电弧双侧作用下少量金属等离子体穿透条件下产生的金属等离子体将会对电弧电导率和辐射系数产生重大的影响。

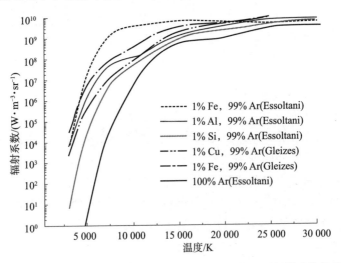

图 3-45　Ar 以及混入 1％的 Fe、Cu、Al 和 Si 蒸气电弧辐射系数的对比

电导率的增加导致等离子体的电场减弱，电子在电场强度的加速作用也随之减弱；电弧等离子体的辐射系数增加导致电弧能量的损耗增加，因此电弧电导率和辐射系数的增加均导致了电弧电子温度的下降，而给出了 90 A 的 TIG 电弧中加入 Fe 蒸气后，测量到距离电弧阳极 1 mm 处电弧轴线处的浓度为 0.075％，其电子温度约下降了 1 000 K，如图 3-46 所示。此外 K. Yamamoto、Murphy、Cressault 等人也发现了电弧焊时由于金属蒸气的作用造成电弧的电

子温度下降。大连理工大学的郝新峰博士采用光谱诊断计算了 AZ31B 镁合金小功率 YAG 激光-TIG 电弧复合焊接电弧电子温度，由于 TIG 电弧对小功率的 YAG 激光几乎是透明的，因此认为复合电弧的电子温度下降的根本原因是激光作用于镁合金产生的镁蒸气以及电离。

　　正如 3.1.2.1 节得出的结论，少量光致金属等离子体穿透时弧根收缩电弧的电子温度要比单电弧要低，而少量光致金属等离子体作用时，光致金属等离子体主要聚集在电弧的阳极（即弧根处），因而阳极附近的电子温度降低的幅度更大，下降了约 3 000 K，而阴极则无明显的变化。

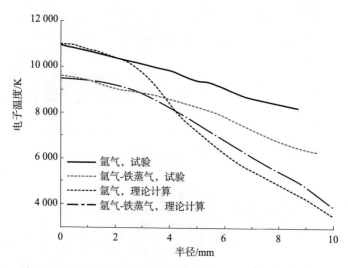

图 3-46　单电弧中加入 Fe 蒸气后距离电弧阳极 1 mm 处电弧电子温度的径向分布

3.3.2　大量光致金属等离子体对电弧的作用

3.3.2.1　大量光致金属等离子体对电弧成分的改变

　　根据前面介绍的计算电弧等离子体中金属原子（Al、Mg）和保护气原子（Ar）的密度之比的方法，计算大量光致金属等离子体穿透时弧柱膨胀电弧中 Al 原子与 Ar 原子密度比以及 Mg 原子与 Ar 原子密度比，以此量化大量光致金属等离子体对电弧成分的改变。与 3.1.2 节同样采用 Al I 396.152 nm 和 Ar I 415.859 nm 这两条谱线来计算 Al 原子和 Ar 原子的密度比，Mg I 383.829 nm 和 Ar I 415.859 nm 这两条谱线来计算 Mg 原子和 Ar 原子的密度比。

图 3-47 所示为大量光致金属等离子体穿透时弧柱膨胀电弧和单 TIG 电弧中 Al 原子与 Ar 原子密度比，可以发现弧柱膨胀电弧中的 Al 原子与 Ar 原子密度比在电弧整个轴线上均大于单 TIG 电弧，在距离电弧阳极 0.5 mm 处达到了单 TIG 电弧的 15 倍，而距离电弧阴极 0.5 mm 处也到达了 65 倍以上。

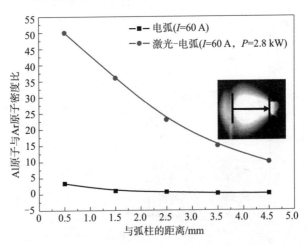

图 3-47　弧柱膨胀电弧和单 TIG 电弧中 Al 原子与 Ar 原子密度比（v=1.0 m/min）

通过观察图 3-48 所示大量光致金属等离子体穿透时弧柱膨胀电弧和单 TIG 电弧中 Mg 原子与 Ar 原子密度比，可以发现弧柱膨胀电弧中的 Mg 原子与 Ar 原子之比在电弧整个轴线上均大于单 TIG 电弧，在距离电弧阳极 0.5 mm 处达到了单 TIG 电弧的 46 倍，而距离电弧阴极 0.5 mm 处也到达了 32 倍以上。

从上述对激光-电弧双侧作用下大量光致金属等离子体穿透时电弧中 Al 原子与 Ar 原子的密度比以及 Mg 原子与 Ar 原子的密度比的

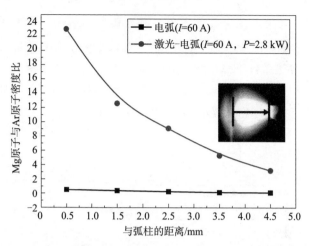

图 3-48　弧柱膨胀电弧和单 TIG 电弧中 Mg 原子与 Ar 原子密度比（$v=1.0$ m/min）

定量计算，同时与单电弧中的 Al、Mg 原子与 Ar 原子密度比的比较，可以看出弧柱膨胀电弧中的 Al 原子和 Mg 原子的密度在整个电弧轴线上均远远大于单 TIG 电弧，这表明大量光致金属等离子体穿透弧柱膨胀时光致金属等离子体充满整个弧柱空间。

从图 3-49 所示激光-电弧双侧作用下大量光致金属等离子体穿透时电弧形态动态变化，可以发现电弧中出现类似"飞溅"的物质，分析认为这是由于大量的光致金属等离子体从电弧中飞出，这也表明大量的光致金属等离子体充满整个电弧空间。

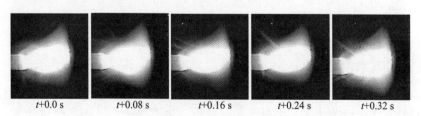

| $t+0.0$ s | $t+0.08$ s | $t+0.16$ s | $t+0.24$ s | $t+0.32$ s |

图 3-49　大量金属等离子体穿透时电弧形态动态变化

（$I=60$ A，$P=2.0$ W，$v=1.0$ m/min）

3.3.2.2　大量光致金属等离子体对电弧电子温度、密度的影响

图 3-50、图 3-51 所示为激光-电弧双侧作用下大量光致金属等离子体穿透条件下弧柱膨胀电弧和单 TIG 电弧电子温度、密度的对比，可以看出两者的电子温度并没有明显的差距，但弧柱膨胀电弧阳极附近的电子密度要小于单 TIG 电弧，由单 TIG 电弧时的 2.95×10^{16} cm^{-3} 下降至 1.92×10^{16} cm^{-3}，远离电弧阳极则没有显著的变化。

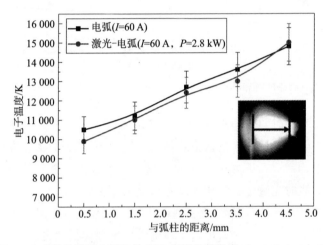

图 3-50　弧柱膨胀电弧和单 TIG 电弧电子温度（$v = 1.0$ m/min）

由于光致金属等离子体具有较高的电导率和辐射系数，因此与单 TIG 电弧相比，少量光致金属等离子体作用于电弧时电子温度下降，然而大量光致金属等离子体作用于电弧时电子温度与单 TIG 电弧相比却无明显的变化。分析认为大量光致金属等离子体作用于电弧时有这几个影响电弧电子温度的因素：一方面光致金属等离子体具有较高的电导率和辐射系数，降低了电子温度，另一方面光致金属等离子体自身较高的温度，根据文献介绍，匙孔内的光致金属等离子体的平均温度高达 14 000～18 000 K，高于 TIG 电弧的温度，因此起到增加电弧电子温度的作用，只不过当少量光致金属等离子

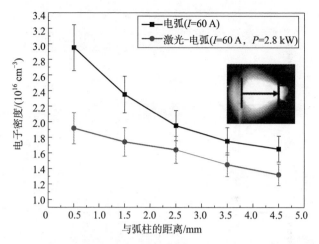

图 3-51　弧柱膨胀电弧和单 TIG 电弧电子密度（ v =1.0 m/min）

体进入电弧时，由光致金属等离子体自身带来的对电弧增温的效应远小于较高的电导率和辐射系数降低电子温度的效应。此外由于大量光致金属等离子体穿透时激光功率较大，甚至会有部分激光进入电弧之中起到增加电弧电子温度的作用，将在 3.3.3 节详细探讨激光对电弧的单独作用。因此大量光致金属等离子体穿透时在上述三个方面对电弧电子升温和降温因素的综合作用下，电弧电子温度与单 TIG 电弧并无明显的差异。而可以看出当激光功率增加至 3 kW 时，电子温度有一定程度的增加，这表明对电弧电子温度的升温效应已经大于降温效应。

如图 3-52 所示，从弧柱膨胀电弧和单 TIG 电弧电压对比来看，两者差异不大，这也反映了两者的电子温度大致相当，单 TIG 电弧电压周期性振荡反映出小电流电弧的拖尾现象，而在激光-电弧双侧作用下大量金属等离子体穿透电弧电压出现不规则的波动则是由于激光产生的大量光致金属等离子体进入电弧加剧了电弧的不稳定。

在激光-电弧双侧焊接大量金属等离子体穿透时，由于激光功率太大，以至于在工件上形成类似激光切割的凹槽，激光侧焊缝存在严重的下塌缺陷，因此在该参数条件下并不能用于焊接加工。

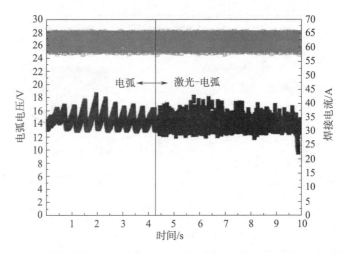

图 3-52　弧柱膨胀电弧（$I = 60$ A, $P = 2.8$ kW, $v = 1.0$ m/min）和
单 TIG 电弧（$I = 60$ A, $v = 1.0$ m/min）电压比较

3.3.3　激光对电弧的作用

3.3.3.1　电弧对激光能量的吸收

等离子体对激光吸收主要是由电子束缚-自由以及自由-自由两种跃迁方式引起的逆轫致吸收，当激光频率 ω_L 大于电子等离子体频率 $\omega_{PI,e}$，即

$$\omega_L = \frac{2\pi c_o}{\lambda} \gg \omega_{PI,e} = \sqrt{\frac{n_e e^2}{\varepsilon_0 m_e}} \qquad (3-4)$$

式中　c_o——光在真空中的速度；

　　　λ——激光波长；

　　　e——基元电荷；

　　　ε_0——真空介电常数。

则相应的等离子体对激光的线性吸收系数 α 的理论表达式为

$$\alpha = \frac{e^6}{6\sqrt{3}\,\varepsilon_0^2 c_o \hbar m_e^2}\frac{n_e^2}{\mu \omega_L^3}\left[1 - \exp\left(-\frac{\hbar \omega_L}{k_B T_{PI}}\right)\right]\left(\frac{m_e}{2\pi k_B T_{PI}}\right)g(\lambda)$$

$$(3-5)$$

式中　$\hbar$——普朗克常数除以 2π；

μ——等离子体折射率的实际部分，$\mu = \sqrt{1 - \dfrac{\omega_{PI,e}^2}{\omega_L^2}}$；

g——跟激光波长相关的平均冈特因子，对于 CO_2 激光，

$g_{CO_2} = \left(\dfrac{T_{PI}}{T_{0,CO_2}}\right)^{0.227}$，对于 Nd：YAG 激光，$g_{Nd：YAG} =$

$\left(\dfrac{T_{PI}}{T_{0,Nd：YAG}}\right)^{0.459} + 0.917$，根据文献资料 $T_{0,CO_2} =$

2 116 K，$T_{0,Nd：YAG} = 206\ 400$ K。

Mahrle 和 Beyer 等人根据上式计算了不同激光类型在不同的等离子体成分下的等离子频率和线性吸收系数，如图 3-53 所示，发现波长较长的 CO_2 激光吸收率比波长较短的 Nd：YAG 激光吸收率要高，同时 Al、Fe 电离的金属等离子体由于较高的等离子体频率，比 Ar、He 等保护气电离的等离子体对激光的吸收率要高。此外从上式还可以看出等离子体对激光的线性吸收系数与电子密度的平方成正比。吴世凯等人的相关研究表明 1 cm 范围的等离子体对 CO_2 激光的吸收率可高达 40%，而 YAG 激光的吸收率仅有 0.3%。

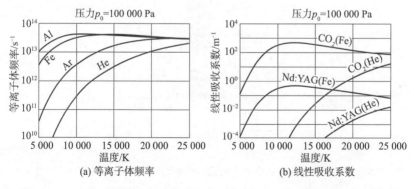

(a) 等离子体频率　　　　(b) 线性吸收系数

图 3-53　不同激光类型在不同等离子体成分下的等离子频率和线性吸收系数

3.3.3.2　激光对电弧电子温度、密度的影响

为了研究电弧对激光的逆轫致吸收作用，建立激光成 45°角斜入

射到水冷铜极电弧,排除了阳极熔化产生的金属蒸气对电弧的影响,通过对比加入激光前后的电弧电子温度、密度的变化来分析激光对电弧的单独作用。

图 3-54 所示的水冷铜电极 TIG 电弧由于不产生金属蒸气,因此电弧等离子体光谱只包含 Ar 原子谱线,通过 Saha-Boltsmann 方法计算电子温度需要同种元素不同电离阶次的两条谱线,因此该方法不再适用。若将光谱强度方程代入玻耳兹曼方程,得到谱线强度的关于电子温度和密度的表达式

$$I_{mn} = hA_{mn}g_m\upsilon_{mn}\frac{N}{Z(T)}\exp\left(-\frac{E_m}{kT}\right) \qquad (3-6)$$

式中,电子密度 N 通过 Stark 展宽法求得,其余参数均可查询相关文献获得,这就是所谓的计算电子温度的谱线绝对强度法。因此要计算出等离子体的电子温度 T,需要测得谱线的绝对强度值 I_{mn}。为了提高谱线强度测量的精度,采用刻痕密度 2 400 g/nm 的光栅采集,中心波长为 763.511 nm,光谱范围为 14.76 nm。

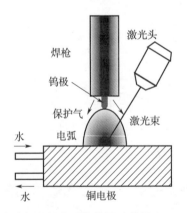

图 3-54　激光对水冷铜电极电弧的作用示意图 ($I=60$ A,$P=500$ W)

图 3-55、图 3-56 和图 3-57 分别为电弧轴线上距离阳极 0.5 mm、电弧中心以及距离电弧阴极 0.5 mm 三个点的电弧以及激光作用下的电弧光谱特征,可以发现电弧阳极附近激光对电弧谱线

的强度影响较大，而在电弧阴极附近，两者强度无明显差异，其对比柱状图如图 3-58 所示。这表明激光对激光入射位置附近的电弧作用更加明显，而远离激光入射点位置则不明显。

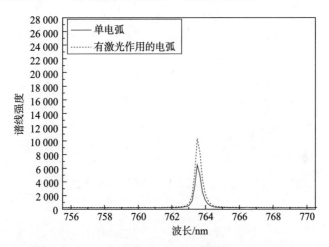

图 3-55　电弧吸收激光对电弧阳极附近光谱的影响

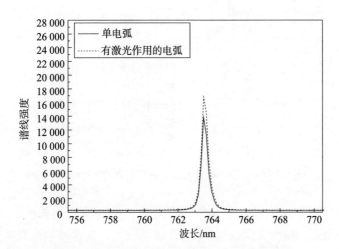

图 3-56　电弧吸收激光对电弧中心光谱的影响

采用公式（3-6）计算了电弧吸收激光能量后对电子温度的影

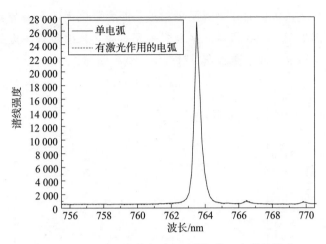

图 3 - 57　电弧吸收激光对电弧阴极附近光谱的影响

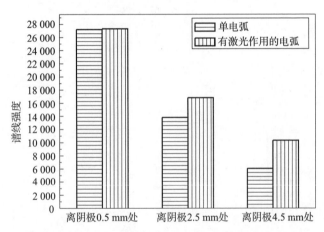

图 3 - 58　激光对不同位置上电弧的光谱强度的影响（$I = 60$ A，$P = 500$ W）

响。如图 3 - 59 所示，激光作用于电弧之后与水冷铜极电弧相比，对于靠近阳极的电弧电子温度上升幅度较大，从水冷铜电极电弧的 11 300 K 上升到加入激光之后的 13 800 K，升高了约 20%，而对于电弧中心以及电弧阴极考虑到电子温度的测量误差则基本没有变化。这与韩国科学技术研究院 Youngtae Cho 等人采用单色图像法测量和计算的激光斜入射水冷铜电极电弧电子温度，以及北京工业大学吴世凯博士采用光谱测量和 Saha 方程计算的激光穿过电弧轴向的水冷铜电极电子温度的结论一致。

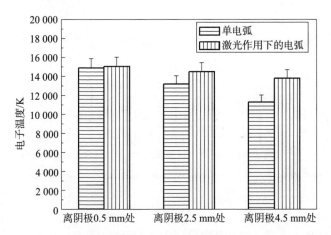

图 3 - 59　激光对不同位置上电弧电子温度的影响（$I=60$ A，$P=500$ W）

　　图 3 - 60 所示为电弧吸收激光能量后对电弧电子密度的影响，可以看出激光作用后电弧阳极的局部电子密度增加，从水冷铜电极电弧的 $2.73×10^{16}$ cm^{-3} 增加至 $3.44×10^{16}$ cm^{-3}，增加了约 26%，而电弧中心和电弧阴极则变化不明显。分析认为可能是电弧阳极接近激光入射位置，从光谱强度以及电子温度变化上来看电弧阳极对激光能量吸收较多，增大了电弧局部的电离度，因子电子密度增加幅度较大。

3.3.4　弧根收缩与弧柱膨胀机理分析

3.3.4.1　电弧弧压最小值原理

　　考虑到一次电离是电弧等离子体的主要电离方式，Saha 方程也可以写成如下形式

$$\frac{\alpha^2}{1-\alpha^2}=\frac{2Z_{z+1}(T)}{Z_z(T)}\frac{(2\pi mkT)^{3/2}}{h^3}\exp\left(-\frac{E_{z\infty}-\Delta E_{zI}}{kT}\right) \quad (3-7)$$

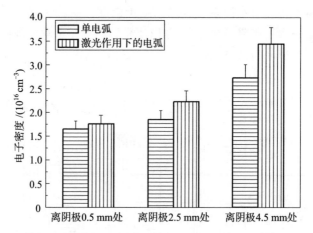

图 3-60　激光对不同位置上电弧电子密度的影响（$I = 60$ A，$P = 500$ W）

式中　α ——电离度。

　　Al、Mg 和 Ar 的电离能分别为 5.99 eV、7.65 eV 和 15.76 eV，由于一次电离能不同导致的 Al、Mg 和 Ar 三种元素在不同温度下的电离度如图 3-61 所示，因此在相同温度条件下 Al 的电离度最高，Mg 次之，而 Ar 最低。这表明 Al、Mg 原子比 Ar 原子更容易电离。

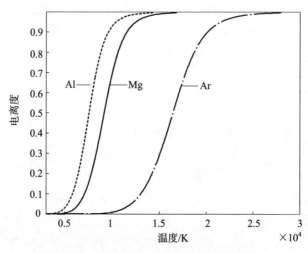

图 3-61　不同原子电离度随温度的变化

　　1932 年 M. Steenbeck 提出了电弧稳定状态的最小值原理或弧压最小原理：在给定电流和边界条件的情况下，稳定状态下电弧的载流区具有这样的半径值（或温度值），以使弧柱延长度方向的电弧强度具有最小值，即弧柱电压（或温度值）具有最小值。其数学表达式如下

$$\frac{\mathrm{d}E}{\mathrm{d}R^{*}} = 0 \left(\text{或} \ \frac{\mathrm{d}E}{\mathrm{d}T} = 0 \right) \tag{3-8}$$

式中　E——电场强度（即电弧电压）；

　　　R^{*}——最小电弧半径。

　　弧压最小原理也可以这样理解：电弧总是稳定地燃烧在使其电场强度最小的半径 R^{*} 上，如图 3-62 所示。

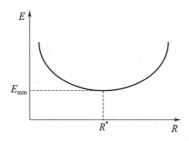

图 3-62　电弧弧压最小原理示意图

3.3.4.2　弧根收缩与弧柱膨胀

　　光致金属等离子体进入电弧必然导致激光-电弧双侧作用下电弧的电阻率降低，W. Steen 根据 Spitzer 光致等离子体洛伦兹电阻率公式计算了金属等离子体的电阻率约为 $9.4 \times 10^{-3} \ \Omega \cdot cm$，而常温空气的电阻率则高达 $10^{5} \ \Omega \cdot cm$。

　　从前面可知，少量光致金属等离子体穿透时光致金属等离子体聚集在电弧的弧根处，结合上述光致金属等离子体更容易电离以及 Steenbeck 弧压最小原理，因此电弧弧根作用于电阻率更低的金属等离子体的聚集区导电，如图 3-63 所示，因此可以观察到少量光致金属等离子体穿透时的电弧弧根的收缩现象。

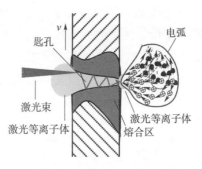

图 3-63　电弧弧根作用于金属等离子体聚集区

　　如图 3-64、图 3-65 所示，对于铝合金 TIG 小电流、高速焊，由于电弧能量密度过低，电弧的刚度和挺度小，同时由于电弧更容易燃烧在氧化膜上，因此 TIG 电弧往往存在黏着和跳弧的现象，而在激光-电弧双侧作用下少量光致金属等离子体穿透条件下，TIG 电弧稳稳地燃烧在激光产生的金属等离子体聚集的匙孔处，因而电弧能够与速度更快的激光稳定地同步双侧焊接。TIG 焊电弧不稳定因而电弧电压呈周期性振荡，而激光-电弧双侧作用过程电弧稳定，电压也趋于平稳。这一电弧形态具有很高的能量密度与稳定性，是激光-电弧双侧焊接的最优电弧作用模式。

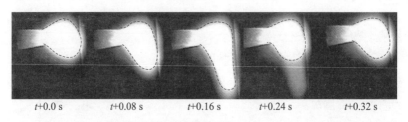

t+0.0 s　　　　t+0.08 s　　　　t+0.16 s　　　　t+0.24 s　　　　t+0.32 s

图 3-64　TIG 电弧形态动态变化（$I = 60$ A，$v = 1.0$ m/min）

　　当激光功率较大时，由少量光致金属等离子体聚集在弧根处转变成大量的光致金属等离子体充满至整个弧柱，电弧形态也从弧根收缩转变成整个弧柱的膨胀。分析认为主要是大量的光致金属等离子体充满整个电弧所致，光致金属等离子体自身带来的高温特性促

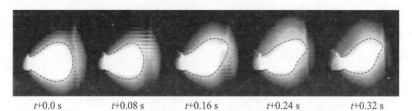

图 3 - 65　少量光致金属等离子体穿透时电弧形态动态变化

（$I = 60$ A，$P = 2.0$ W，$v = 1.0$ m/min）

使电弧形态膨胀散热以达到产热和散热的热平衡，从前面计算的大量光致金属等离子体作用的电弧电子温度要高于少量光致金属等离子体作用的电弧电子温度，必然要求大量光致金属等离子体作用的电弧形态膨胀以热辐射的形式散出更多的热量，如图 3 - 66 所示。

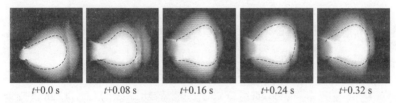

图 3 - 66　大量光致金属等离子体穿透时电弧形态动态变化

（$I = 60$ A，$P = 2.8$ W，$v = 1.0$ m/min）

当大量的光致金属等离子体穿透时可能有部分激光进入电弧之中，电弧通过逆韧致吸收激光会造成电弧形态的膨胀。在本试验条件下（60 A 电流，2.8 kW 激光，1 m/min 焊接速度），尽管无法定量地测量出进入电弧之中的激光能量，但是激光-电弧双侧焊接经过匙孔衰减后再进入电弧的激光能量与常规的激光-电弧同侧复合焊接（激光先穿过电弧后才能到达工件）相比肯定少得到，而在激光-电弧同侧复合焊接条件下电弧吸收了大量的激光能量依然能够维持电弧的吸引和压缩。因此可以认为大量光致金属等离子体作用时的电弧形态膨胀主要是由于大量的光致等离子体充满整个电弧弧柱导致的。

第4章　激光–电弧复合焊接温度场及应力应变场

激光–电弧复合焊接传热贯穿整个焊接过程，焊接过程材料的熔化与冷却、熔池的流动、组织的转变、内部应力的形成等都是在热作用下形成的。分析复合焊接的温度场对分析焊接接头组织变化、力学性能、残余应力等至关重要。对于焊接过程温度场的分析，可以使用传统的热电偶测温或红外测温等方法，但是这些方法往往有一定局限性，如测试位置，测试温度范围等，因而，采用数值模拟的方法获取焊接温度场成为国内外学者广泛研究的重要方向。

4.1　激光–电弧复合焊接温度场数值模拟基础

焊接温度场的数值模拟包括焊接传热过程、熔池形成和演变、电弧物理现象等。焊件的温度随着热源的移动随时间和空间急剧变化，材料热物理性能也随温度变化，故焊接温度场属于典型的非线性瞬态热传导问题。

4.1.1　温度场数值模拟理论基础

焊接温度场数值计算的理论基础，主要包括焊接传热基本定律，热分析材料基本属性，边界条件与初始条件，焊接温度场基本方程。具体描述如下。

4.1.1.1　焊接传热基本定律

复合焊接时，涉及的热输入过程主要通过热传导和热辐射进行，这个过程也直接造成了焊件表面的热量损失。传热定律表示的是焊接局部热源与瞬时温度场的关系。

热传导定律：热传导定律遵从的是傅里叶定律，其基本形式为

$$q_c = -\lambda \frac{\delta T}{\delta N} \qquad\qquad (4-1)$$

式中　λ ——热导率，$W/(m^2 \cdot \text{℃})$；

　　　$\delta T/\delta N$ ——温度梯度（单位长度的温度变化）。

对流换热定律：对流换热是指对流与热传导共同作用的热传递形式。在复合焊接过程中，空气流经焊件表面或者冷却水流经焊件，均为对流换热的方式。对流换热过程遵从牛顿冷却公式，其基本形式为

$$q_k = \alpha_K \Delta T \qquad\qquad (4-2)$$

式中　α_K ——对流换热系数，$W/(m^2 \cdot \text{℃})$；

　　　ΔT ——流体温度与表面温度的差值，℃。

辐射换热定律：热辐射指的是物体由于具有温度而辐射出电磁波的现象。对于一个物体，其温度越高，辐射出的总能量就越大。通常物体在辐射能量的同时也吸收热辐射，形成热量以辐射的方式在物体间传递，也就是辐射换热。在实际工程中，通常考虑两个及以上物体间的辐射，它们之间的净热量传递公式可以通过斯蒂芬-玻耳兹曼公式计算得到，表示为

$$q_r = \varepsilon C_0 (T_1^4 - T_2^4) \qquad\qquad (4-3)$$

式中　q_r ——热流率；

　　　ε ——辐射率，即物体的黑度系数，介于 0～1 之间；

　　　C_0 ——斯蒂芬 - 玻耳兹曼系数，约为 5.67×10^{-8} W/ $(m^2 \cdot \text{℃})$；

　　　T_1，T_2 ——辐射物体温度，量纲为绝对温度 K。

4.1.1.2　热分析材料基本属性

在进行复合焊接温度场数值计算时，除了上述的热导率、对流换热系数以及辐射系数外，还包括比热容、焓。

比热容：比热容是指单位质量的物质升高（降低）1 ℃所吸收（或放出）的热量，简称比热，单位为 $J/(kg \cdot \text{℃})$，计算公式为

$$C = \frac{Q}{m \Delta T} \tag{4-4}$$

式中　C——比热容；

　　　ΔT——初始时刻与终止时刻的温度差；

　　　Q——该时间段内物体吸收或放出的总热量。

焓：焓是热力学中表征物质系统能量的一个重要状态参量，用 H 表示，其定义式为

$$H = U + PV \tag{4-5}$$

式中　U——内能；

　　　P、V——压力、体积。

对于常压条件下，上式可以表示为

$$Q = \Delta U + P \Delta V \tag{4-6}$$

这个公式说明在常压条件下，焓的变化即等同于热量的变化。

4.1.1.3　边界条件与初始条件

温度场数值计算主要是求解热平衡方程。为使热平衡方程具有唯一解，求解温度场时需要给出边界条件和初始条件。边界条件主要有三类：

第一类边界条件，用于约束边界的具体温度：

$$\lambda \frac{\partial T}{\partial x} n_x + \lambda \frac{\partial T}{\partial y} n_y + \lambda \frac{\partial T}{\partial z} n_z = T_s(x,y,z,t) \tag{4-7}$$

第二类边界条件，用于约束边界的热流密度值：

$$\lambda \frac{\partial T}{\partial x} n_x + \lambda \frac{\partial T}{\partial y} n_y + \lambda \frac{\partial T}{\partial z} n_z = q_s(x,y,z,t) \tag{4-8}$$

第三类边界条件，用于约束周围介质温度和物体传热系数：

$$\lambda \frac{\partial T}{\partial x} n_x + \lambda \frac{\partial T}{\partial y} n_y + \lambda \frac{\partial T}{\partial z} n_z = \alpha(T_a - T_s) \tag{4-9}$$

式中　q_s——单位面积上的外部输入热源；

　　　α——表面换热系数；

　　　T_a——周围介质温度；

T_s——边界上的温度；

n_x，n_y，n_z——边界外法线方向的余弦值。

初始条件就是焊接工件在初始状态下的温度场分布，一般表示为

$$T\big|_{t=0} = \varphi(x,y,z) \tag{4-10}$$

式中　$\varphi(x,y,z)$——温度场分布函数。

4.1.1.4　焊接温度场基本方程

焊接是一个局部快速加热至高温，随后急剧冷却的过程。在焊接过程中，由于热源不断移动，整个焊接工件的温度会随时间与空间急剧改变，温度场极不稳定。因此，焊接温度场的分析为典型的非线性瞬态热传导问题。描述这种非线性瞬态热传导问题的热平衡矩阵方程可表示为

$$[\boldsymbol{C}(\boldsymbol{T})]\,[\dot{\boldsymbol{T}}] + [\boldsymbol{K}(\boldsymbol{T})]\,[\boldsymbol{T}] = [\boldsymbol{Q}(\boldsymbol{T})] \tag{4-11}$$

式中　$\boldsymbol{C}(\boldsymbol{T})$——以温度为变量的比热矩阵；

$\dot{\boldsymbol{T}}$——温度对时间的导数；

$\boldsymbol{K}(\boldsymbol{T})$——以温度为变量的传导矩阵，包含导热系数、对流系数、辐射率和形状系数；

$\boldsymbol{T}$——节点的温度向量；

$\boldsymbol{Q}(\boldsymbol{T})$——以时间为变量的包括热生成在内的热流率向量。

4.1.2　温度场数值模拟过程

目前国内外学者大量采用的有限元分析软件包括 ANSYS，MARC，ABAQUS，COMSOL 等，本书以 ABAQUS2020 为例介绍如何建立复合焊有限元模型并计算温度场。

对于实际复合焊接过程，影响其温度场的因素很多，因此在用有限元方法进行仿真时，需要对复合焊接过程做必要的简化，在保证计算精度的基础上可以大大减少对计算机资源的占用，提高效率。本书介绍适用于一般复合焊温度场仿真的典型假设处理，对于更复

杂问题的假设请读者自行查阅资料：

1）假设待焊母材的初始温度为室温 25 ℃。

2）不考虑熔滴对熔池冲击作用以及热源作用下熔池中的对流。

3）不考虑焊件周围环境温度的改变，仅考虑金属表面辐射与空气热对流等传热过程。

4）对于电弧与激光热源采用高斯能量分布模型描述。

5）不考虑夹具与待焊材料之间的热传导过程，认为复合焊为匀速焊接的准稳态过程。

6）忽略实际复合焊接头焊道波动以及未焊透等缺陷，认为复合焊焊缝均匀规则。

4.1.2.1　确立几何模型

对于分析所用的有限元几何模型在 ABAQUS 中可以采用 Geometry 模块构建，按照实际对接焊接焊件的尺寸进行建模，如图 4-1 所示。依据图中全局坐标系，z 轴是焊接方向，x 轴与焊接方向垂直，y 轴是待焊板材厚度方向。

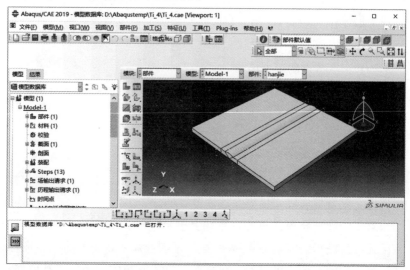

图 4-1　ABAQUS 焊接过程建模

4.1.2.2　单元选择与网格划分

在复合焊温度场的模拟过程中，单元类型的选择对模拟结果的准确性有很大影响。通常复合焊模拟涉及的是三维温度场非线性热分析，因此选择的单元必须是可以进行非线性热分析的 3D 单元，同时为保证计算精度，大部分情况下应该选择六面体单元。此外，考虑到部分场合下还需要依据温度场结果进行焊接应力场的计算，因此所选单元还要能进行非线性应力场计算。综合上述需要，在 ABAQUS 中温度-位移耦合单元 C3D8T 可以满足绝大多数复合焊仿真的需求。在更注重复合焊温度场的有关结果而完全不考虑应力时，还可以选择纯温度单元进行计算。

在确定好单元类型之后，便需要对模型进行网格划分。复合焊模型网格划分的质量会直接影响计算的精度与效率。网格划分得越细，计算结果将会越精确，但计算效率降低。下面进行焊接温度场计算分析，焊缝区受到热源的直接作用，温度梯度大、变化快，因此需要进行细密划分。此外，由于同时受到两个热源作用，相比于其他单热源焊接模拟，复合焊焊缝区域的网格需要进一步加密，以体现激光与电弧热源在能量密度和作用范围上的差异。远离焊缝的区域几乎不受热源的直接影响，温度梯度小，因此采用尺寸较大的映射划分。介于两者之间的部分采用过渡网格划分，如图 4 - 2 所示。

4.1.2.3　设置初始与边界条件

对复合焊有限元模拟，在模拟开始前通常需要设置初始条件和边界条件，即给复合焊模型一个初始状态。在模拟的初始时刻给复合焊接头所有区域施加室温 25 ℃，以接近实际工况。对于边界条件，复合焊模型首先应考虑能量守恒，即任意时段内通过热源输入计算域的热量与流出热量及向工件输出的热量保持平衡。在此基础上再考虑焊接过程中的散热条件。本书案例中主要考虑金属材料的热辐射以及空气对流。如图 4 - 3 所示，对除去待焊母材下表面的其

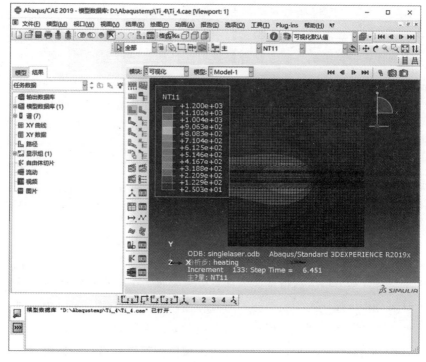

图 4-2　过渡网格划分

他表面，施加大小为 20 W/mm² · ℃的自然对流以及辐射率为 0.85 的辐射传热。

4.1.2.4　构建复合焊热源模型

焊接热源模型是实现焊接过程数值模拟的基础条件，建立精确的热源模型能够提高焊接温度场数值模拟的计算精度。对于单一热源的焊接过程而言，比如熔深较小的电弧焊，采用平面高斯热源模型、双椭球面热源模型等平面热源模型计算出来的熔池形状特征更加符合实际熔池特征。对于包含两种热源耦合的激光-电弧复合焊接来说，采用单一热源模型很难得到符合实际焊接过程的最优方案。因此组合热源模型的产生很好地解决了多热源焊接过程的模拟精确

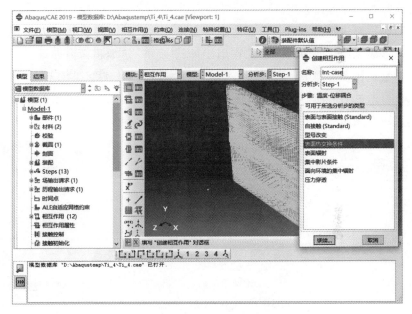

图 4 - 3　表面热交换条件定义

度问题。本书中给出复合焊温度场模拟中常用的高斯平面热源、双椭球热源和组合体热源，并详细介绍各个热源的特征及适用范围，以便读者参考。

（1）高斯平面热源模型

针对电弧热源，复合焊模拟仿真中为了加快收敛和减少占用计算资源，一般忽略电弧的起弧、燃烧、熄弧等不稳定的瞬态因素的影响，近似地把电弧的热作用看作一个准静态的过程，即在一定的时间步长内，电弧分布不变，其上任意一点的热流输出也不变，在一定的时间域内，电弧只有作用位置发生改变，热流本身的分布情况和时间无关。在这种情况下，电弧可以用平面热源模型表示。

针对激光热源，当功率较低时，其作用在材料表面的能量密度很低，难以通过深穿入过程形成深度较大的匙孔，因此此时激光能量主要在材料表面被吸收，通过热传导的方式向内部传递，此时激光热源同样可以采用高斯平面模型描述。

　　平面热源模型适用于低热能量密度焊接，此时焊接热输入不足以形成大尺寸的熔池，热源作用于母材表面一定面积而向四周传递热量。在复合焊中，当电弧和激光的功率都很低，焊接熔深不大时，可以通过两个面热源的形式进行温度场仿真。高斯热源模型的数学表达方式如图 4-4 和式（4-12）所示。

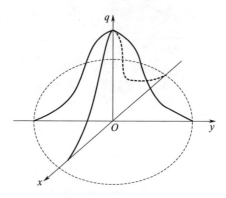

图 4-4　高斯热源模型

$$q(x,y,z) = \frac{3P}{\pi r^2} \exp\left[\frac{-3}{r}(x^2 + y^2)\right] \qquad (4-12)$$

式中　　P——热源功率；

　　　　r——电弧实际作用半径；

　　　　x，y，z——热源作用范围内任意一点的坐标。

　　（2）双椭球热源模型

　　双椭球体热源模型认为复合焊热源作用在待焊件表面热源可以分为前后两个部分，等效于电弧热源以激光热源在空间中的分布，在每个部分内热源分布满足椭圆函数，其热源分布形式如图 4-5 所示。设双半椭球体的半轴为 (c_1, c_2, a, b)，设前半部分椭球能量分数为 f_f 后半部分椭球能量分数为 f_r，且 $f_f + f_r = 2$，Q 为热源总能量，则在前半部分椭球内热源分布为

$$q(x,y,z) = \frac{6\sqrt{3}\,f_f Q}{abc_1\pi\sqrt{\pi}}\,e^{-3x^2/c_1^2}\,e^{-3y^2/a^2}\,e^{-3z^2/b^2} \qquad (4-13)$$

后半部分椭球内热源分布为

$$q(x,y,z) = \frac{6\sqrt{3}\,f_r Q}{abc_1\pi\sqrt{\pi}}\,e^{-3x^2/c_2^2}\,e^{-3y^2/a^2}\,e^{-3z^2/b^2} \qquad (4-14)$$

式中　Q——热源输出功率;

　　x,y,z——热源作用范围内任意一点的坐标。

双椭球热源模型多应用于开设坡口或大熔深的焊缝,由于分为前后两个部分,通过热源参数可以单独控制热源作用范围,在激光作用区,通过缩短椭圆分布的长短轴,可以模拟出集中的激光能量分布,从而在模拟结果中得到较大的熔深;在电弧作用区,通过拉长椭圆分布的长短轴,可以模拟相对分散的电弧能量分布,采用此模型可以较好地还原出焊接时熔池的表面轮廓。该模型适用于强调复合焊温度场模拟结果与实际熔池轮廓高度符合时的场景。

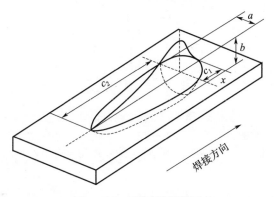

图 4-5　双椭球热源模型

(3) 组合体热源模型

组合体热源模型,顾名思义,是将不同类型的热源模型组合使用,将焊接过程的热源总热输入按照一定的配比关系分配给不同的热源模型,并将这些模型同时加载在有限元模型上使用。组合体热源的出发点是使复合焊模拟结果的温度场分布尽量接近真实情况的同时获得比较吻合的熔池形状结果。事实上，采取单一的面热源模型或者体热源模型由于片面强调热量的体积分布和面分布，其模拟结果的熔池形状通常和复合焊缝的熔合线并不符合。高斯面热源模型的模拟结果通常焊缝熔宽偏大，熔深偏小，熔池呈浅碟形；而双椭球热源这类体热源虽然能得到吻合的熔池形状，但是其熔池表面温度偏低。如果将两者结合使用形成组合体热源，那么就可以同时还原出符合实际情况的复合焊熔池形状和温度分布。考虑到复合焊通常能获得较大的熔深，部分学者认为组合体热源是最适用于复合焊模拟的热源类型。图 4-6 给出了典型的"高斯面热源＋柱状体热源"的组合形式作为参考。

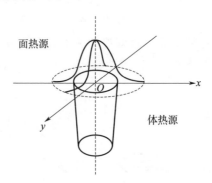

图 4-6　组合热源模型

$$Q_S(x,y,z) = \frac{3\varphi\eta P}{\pi r_S^2}\exp\left[-3\,\frac{(x-x_{laser})^2+(y-y_{laser})^2}{r_S^2}\right]$$

$$(4-15)$$

$$Q_V(x,y,z) = \frac{6(1-\varphi)\eta P}{\pi r_V H(Hm+2r_V)}\exp\left[-3\,\frac{(x-x_{laser})^2+(y-y_{laser})^2}{r_V^2}\right]\frac{r_V+mz}{r_V}$$

$$(4-16)$$

$$Q(x,y,z) = Q_S(x,y,z) + Q_V(x,y,z) \qquad (4-17)$$

式中　Q_S——面热源热流密度；

$\quad\quad Q_V$——体热源热流密度；

Q ——总热流密度；

η ——激光吸收系数；

φ ——面热源能量占比；

P ——总激光功率；

r_S、r_V ——面热源、体热源的有效作用半径；

H ——体热源有效作用深度；

m ——体热源能量分配系数；

（x_{laser}，y_{laser}）——激光热源中心；

（x，y，z）——热源作用范围内任意点坐标。

4.1.2.5　复合焊过程问题处理

复合焊方法作为一种多热源耦合方法，相比单一热源焊接温度场的模拟仿真，除去上述各方面设置的不同，还会引入几个关键的焊接过程问题，下面将这些问题列出做简单介绍，供读者了解。

（1）焊丝填充问题

在复合焊过程中，对接的两块待焊母材之间通常留有一定间距或开设有各类形式的坡口，这部分空间将由熔化焊丝形成的液态金属来填充。在进行复合焊温度场模拟的过程中，如果不考虑焊缝填充区域的金属随时间逐渐增加的过程，则将大大影响焊接仿真结果的正确性。为了模拟液态金属填充的过程，通常会采取"生死单元"技术，如图 4-7 所示。生死单元本质上是一种分段激活计算单元的手段，在建立复合焊模型时不考虑焊缝填充的过程，直接依据焊后接头的几何尺寸建立模型，并进行网格划分。在计算时，通过格外的设置方式将焊缝填充区域的网格全部取出，在焊接开始的时刻将这部分单元"杀死"，即不参与温度场的计算。然后在电弧和激光热源加载到所在位置时，激活该区域被杀死的单元。随着热源的移动，逐步激活填充焊丝部分单元，最终实现焊丝填充的过程模拟，大大提高复合焊模拟温度场的精确程度。

（2）表面热交换问题

依据前述的边界条件，复合焊温度场模拟中考虑了对流和辐射

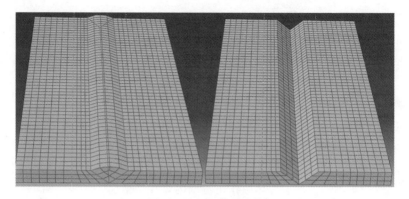

图 4-7　生死单元建模

两种换热方式。虽然在各类模拟软件中通常有特有功能进行辐射换热计算，但这样会降低复合焊温度场的收敛性。为了保证计算的收敛性同时充分考虑焊接过程中的散热条件，使模拟过程尽量接近实际情况，通常可以引入一个总的表面传热系数 α 来表征辐射换热和对流换热两种作用

$$q = q_r + q_k = \alpha(T - T_h) \qquad (4-18)$$

式中　α——总换热系数，$W/mm^2 \cdot ℃$；

　　　T、T_h——焊件表面温度与设置的环境温度。

（3）复合热源加载问题

在激光-电弧复合焊接过程中，激光与电弧这两个热源同时在焊件上移动，在进行复合焊温度场模拟仿真时需要实现一致的热源移动加载。通常，通过用户自定义子程序 UDF 根据实际过程采用计算机语言编程即可实现。然而，与单热源焊接仿真的 UDF 相比，在复合焊仿真中需要特别注意的是热源耦合问题。激光-电弧复合方式有很多种，其中最常见的是旁轴复合。旁轴复合时热源之间往往存在一定的距离，称为光-丝间距，对热源耦合效果有很大影响，不同的光-丝间距设置将显著改变复合焊成形。因此，在复合焊温度场模拟时，编写 UDF 需要加入额外的语句条件激光与电弧热源之间的距离，从而使能量分布接近真实情况，以获取准确的模拟结果。

4.2　激光–电弧复合焊接温度场计算案例

针对激光–电弧复合焊接中一些特有的参数，本课题组进行了一系列焊接温度场数值模拟，研究在复合条件下特有工艺变量对于焊接温度场的影响规律，工艺变量主要包括热输入、能量配比、光–丝间距。并且为了与单热源条件对比，以相应的数值模拟进行规律总结。

4.2.1　复合热源与单热源对比

在热输入保持相同的条件下，进行了复合热源与单热源的焊接温度场模拟。如图 4-8 所示为当热输入为 4 000 W 时，单电弧、单激光及复合焊接条件下的焊接过程温度场分布。可以发现，在热输入保持 4 000 W 不变时，采用单电弧进行焊接，焊缝熔深不足，无法保证有效熔透，并且由于电弧热源的特点，其能量较为分散，加热范围大且作用于工件表面，导致其熔池的表面积较大，熔池表面相比单激光情况下更宽；而单激光焊接时，由于热源的能量集中，使得熔池较窄，但具有良好的熔透能力，相比较来说，较小的结合面积限制了单激光焊接在某些情况下的应用，因其需要严格的装配。在复合热源焊接条件下，从焊接过程温度场可以看出其既能保证较好的熔透能力，同时增大了焊缝横截面面积，提高了桥接能力（相比单激光焊接），在实际工程应用中有明显的优势。

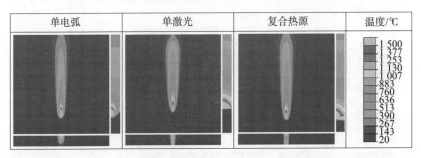

图 4-8　单电弧、单激光及复合焊接头表面温度场对比（见彩插）

4.2.2　热输入

　　与其他焊接方法类似，复合焊过程中，热输入也是影响焊接过程温度场分布及焊接质量的重要因素。因此，本书中进行了复合焊热输入变化时焊接温度场的数值模拟。图4-9所示为激光-电弧复合焊接时总功率从3 000 W增加至6 000 W时焊接过程温度场变化。从图4-9中不难发现，随着热输入的增加，焊接熔池呈现增大趋势，熔池宽度以及拖尾长度均有明显增大。另外，可以发现激光的存在使得在增大电弧功率时，电弧的作用区域深度增加，提高了电弧的熔透能力，而这种效果是在单电弧焊接时单靠增加电弧功率难以达到的。当然，在总热输入增加的同时，更容易产生下塌缺陷，在具体的应用中，只参考焊接温度场的模拟有时并不准确。比如在图4-9中，3 000 W的总功率即可焊透，在继续增大功率时会导致严重的下塌缺陷，这时若想通过数值模拟手段较好地反映这种变化，需结合流场的计算，本书的后四章将对这一内容进行探讨。

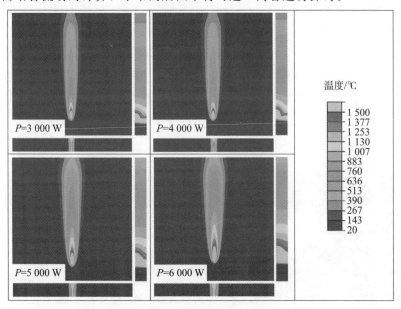

图4-9　不同热输入下的复合焊温度场（见彩插）

4.2.3　能量配比

在激光-电弧复合焊接中，能量配比是一个特有的参数，这一参数会显著影响焊接接头的形貌以及焊缝微观组织，进而影响焊接接头的性能。能量配比常被定义为激光功率与电弧功率的比值。为探究这一参数对复合焊过程的温度场分布的影响，在维持热输入不变的情况下，改变能量配比，以更清楚地展示这一参数对焊接过程的影响。图 4-10 为在维持总热输入 4 000 W 时，改变能量配比对焊接过程温度场分布的影响情况。在能量配比为 1∶2，即电弧能量较大时，熔池上部的拖尾较长，但是由于激光能量过小，导致下部激光作用区的熔化面积很小，这种情况下不利于有效焊接，实际过程中应考虑增大热输入或提高激光能量占比。当激光能量增大（电弧能量减小）时，熔池表面的拖尾长度明显缩短，但是下部激光作用区域明显增大，有利于在厚板焊接时实现可靠连接。另外，当激光能量进一步增大时，电弧能量虽然降低了，但是从沿焊接方向剖面图可以看出，电弧的作用区域明显增加，体现为激光热源对于电弧在焊接过程中加热作用的增强效果。

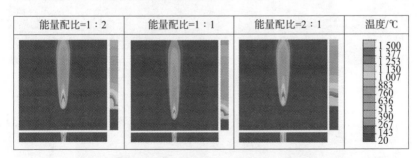

图 4-10　不同能量配比下的激光-电弧复合焊接温度场（见彩插）

4.2.4　光-丝间距

激光-电弧复合焊接中，一个至关重要的因素就是实现两个热源的耦合，达到 1+1>2 的效果。在前人的研究中，影响两者能否耦合的最直接和关键的因素就是光-丝间距（D）。本部分内容通过温度场数值模拟，可以从一定程度上反映这种影响的存在。如图 4 - 11 所示，可以发现，当光-丝间距较小时，两热源的作用相互叠加，形成熔池，而当光-丝间距增大至 6 mm 乃至 8 mm 时，两热源呈现出分离现象，熔池分为两部分，此时便失去了热源之间的耦合效果。实际上，本部分的模拟结果存在缺陷。在实际焊接过程中，影响两热源耦合效果的至关重要的因素是等离子体行为，光-丝间距这一参数正是通过影响这一行为来影响热源的耦合效果。在光-丝间距为 0 mm 时，通常由于等离子体的严重屏蔽和激光对于焊丝的直接作用，耦合效果也会受到较大影响。对于光-丝间距这一参数对复合焊过程热源耦合效果的影响，本部分的数值模拟并未考虑，在实际研究过程中，通常采取高速摄像进行等离子体行为监测来分析，这一内容在本书前面的章进行了研究。

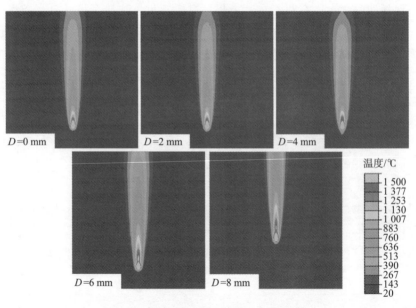

图 4 - 11　不同光-丝间距下的激光-电弧复合焊接温度场（见彩插）

4.3　激光-电弧复合焊接应力场数值计算基础

　　焊接应力场的数值模拟包括焊接传热过程、熔池形成和演变、电弧物理现象等。其数值计算是基于焊接温度场分布进行的。

4.3.1　应力场数值计算概述

　　焊接过程是一个快速加热、快速冷却的过程，可以说这是一种非常特殊的热处理过程。而在这种加热、冷却过程中，如果工件的"热胀冷缩"受到了外部的拘束，便会在工件内部产生内应力。在焊接过程中产生的内应力有两种：热应力和残余应力，产生的主要原因都是被焊工件随其所受到的热输入量变化而产生体积的膨胀和收缩。其中，热应力是由在焊接过程中焊件受到焊接热源加热不均匀而导致的，当热应力小于材料的屈服强度时，焊件未产生塑性变形，随着焊接过程结束，焊件温度冷却至室温，热应力逐渐消失，最终无残余应力的产生；而随着加热温度的升高，热应力继续增加，当热应力大于材料的屈服强度时，焊件产生塑性变形，工件冷却后无法恢复至原始状态，冷却导致的金属收缩产生新的应力，称为残余应力。另外，如果焊件在焊接加热冷却过程中发生了相变，有可能因为相变的体积变化产生新的残余应力，这种由相变所产生的残余应力称为相变残余应力。

　　焊接过程中的应力应变的研究工作是从 20 世纪 30 年代开始的，由于受到当时计算工具的限制，类似的研究只用来定性和进行实测性分析，直到 20 世纪 60 年代，随着计算机等新兴工具的产生，焊接应力应变的数值模拟才发展起来。20 世纪 70 年代，日本大阪大学的上田幸雄提出以有限元为基础，考虑材料力学性能及与温度有关的焊接热弹塑性分析理论，得到了分析焊接应力应变过程的相关表达式。国内对于该项工作开展相对较晚，但研究成果也十分显著：20 世纪 90 年代上海交通大学与日本大阪大学合作，采用三维热弹性有限元对焊接过程中的动态应力应变和焊后残余应力进行了数值模拟，并提出了改善有限元分析精度的若干途径，推动了国内焊接领域三维有限元分析技术的发展和应用。

4.3.2　应力场数值计算理论基础

焊接应力场的分析是基于焊接温度场分析，目前研究焊接残余应力和应变的理论主要有固有应变法、热弹塑性分析法、考虑相变与热应力耦合效应等。其中，热弹塑性分析是在焊接热循环过程中，通过计算机的有限元法逐步跟踪焊接热变形从而得到热应力和应变的。热弹塑性分析方法可以准确地得到焊接应力和变形，而且随着大型有限元软件的开发和发展，这种方法已经被广泛采用。本书对焊接应力场的模拟分析基于热弹塑性分析理论。与焊接温度场相同，焊接应力场也存在材料非线性等非线性问题，因此可以将焊接应力场视作材料非线性瞬态问题。

热弹塑性问题是一个热力学问题。处于热力学系统的焊接材料，其自由能密度不仅与应变有关，而且与温度有关。也就是说，焊材的力学平衡方程中含有与温度有关的项。从能量上分析，输入的热能在使焊接材料温度上升的同时，还会因结构的膨胀变形做功而消耗一部分。这时，在热传导平衡方程中，需要增加与应力有关的项。因此，严格的说，温度场与应力场是相互耦合的。但是，这种耦合效果在一般情况都很小。由于焊缝附近的温度变化很大，导致材料的各种物理性能变化很大，这种影响比耦合效应要大得多。所以对焊接的热弹塑性分析而言，采用非耦合的应力场和温度场是合理的。

在进行焊接热弹塑性分析时，常做如下假定：

1）材料的屈服服从米赛斯（Von. Mises）屈服准则；

2）塑性区内的行为服从塑性流动准则和强化准则；

3）弹性应变、塑性应变与温度应变是不可分的。

这几个弹塑性分析时的服从准则在进行数值计算时，主要产生的作用如下所述。

（1）屈服准则

屈服准则规定的是材料开始塑性变形的应力状态，根据该准则，计算出一个单值等效应力，并将此等效应力与屈服强度比较以判断材料是否发生塑性变形。一个常用的屈服准则是米塞斯屈服准则，它是从能量的角度推导出的塑性变形准则。

米塞斯屈服准则的物理意义是：当材料过渡到塑性状态时，其单位体积内的变形能将积聚为一个只与材料有关的临界值。通过单向拉伸试验可以确定这个临界值，当材料变性能达到此临界值时，材料将发生屈服。米塞斯屈服准则的表达式为

$$\frac{\sqrt{2}}{2}\sqrt{(\sigma_1-\sigma_2)^2+(\sigma_2-\sigma_3)^2+(\sigma_3-\sigma_1)^2} \leqslant \sigma_s \quad (4-19)$$

式中　$\sigma_1, \sigma_2, \sigma_3$——三个正交方向的主应力；

　　　σ_s——单轴拉伸时材料的屈服极限。

另外，定义等效应力为

$$\bar{\sigma}=\frac{\sqrt{2}}{2}\sqrt{(\sigma_1-\sigma_2)^2+(\sigma_2-\sigma_3)^2+(\sigma_3-\sigma_1)^2} \quad (4-20)$$

当等效应力 $\bar{\sigma}$ 大于屈服极限 σ_s 时，材料发生屈服。

对应地，定义了等效应变为

$$\bar{\varepsilon}=\frac{\sqrt{2}}{2(1+\mu)}\sqrt{(\varepsilon_1-\varepsilon_2)^2+(\varepsilon_2-\varepsilon_3)^2+(\varepsilon_3-\varepsilon_1)^2}$$

$$(4-21)$$

式中　$\varepsilon_1, \varepsilon_2, \varepsilon_3$——三个正交方向的主应变方向；

　　　μ——材料的泊松比。

（2）流动准则

当材料进入塑性状态之后（屈服之后），材料发生塑性流动。流动准则描述了材料发生塑性应变之后的应变方向，即定义了单个塑性应变分量随着屈服的发展方式。塑性应变增量以及应力状态的流动准则如下

$$\{d\varepsilon\}_p=\delta\frac{\partial\bar{\sigma}}{\partial\{\sigma\}} \quad (4-22)$$

式中　　δ——数量因子；

$\dfrac{\partial \bar{\sigma}}{\partial \{\sigma\}}$——数量函数 $\bar{\sigma}$ 对向量 $\{\sigma\}$ 的偏导数。

此准则在几何上可理解为塑性应变增量的向量方向与屈服曲面的法向一致，故也被称为法向流动准则。

（3）强化准则

强化准则描述的是屈服准则随着塑性形变的增加的发展过程。常用的强化准则为等向强化与随动强化。等向强化指屈服面以材料所做塑性功为基础在尺寸方向上扩张。对于前文所述的米塞斯屈服准则来说，屈服面在所有方向上均匀扩张。随动强化假定屈服的大小保持不变，且仅在屈服的方向上移动。当某一方向的屈服应力增大时，其反方向的屈服应力则相应减小。

对于激光-电弧复合焊接的应力场模拟一般都基于以上三条准则；若进行变形计算，需结合应力应变关系计算，本书这里只做引入介绍不做深入阐述，请感兴趣的读者自行查阅相关资料。本书所给出的复合焊接残余应力的数值计算结果也是基于这些准则。

4.3.3　应力场数值计算过程

目前，焊接应力场分析的基本流程是：先通过温度场分析得到温度场分析结果，然后将该结果代入应力场分析的表达式中，从而得到应力场分析的结果。目前对于焊接过程中的应力应变的数值模拟分析主要利用热-结构耦合的方法，耦合分析方法又分为两种：直接耦合法和顺序耦合法。直接耦合法是通过选用具有温度和位移自由度的耦合单元，经过一次分析计算，得到热分析和结构应力分析的结果。而顺序耦合法是通过将温度场分析的结果作为载荷施加到第二个分析中的方式进行耦合。两种耦合方式的区别在于，直接耦合法考虑焊接过程中的双向耦合作用，而顺序耦合法只考虑到温度场对于应力场的单向耦合作用。从结果来看，直接耦合法考虑的因素更加全面，结果更加准确，但是其平衡状态需要多个准则取得，故每个节点的自由度很多，方程复杂，运算耗时，所以在实际中热-结构耦合的问题多采用顺序耦合。

使用数值模拟的方法进行应力场模拟的意义在于：

1）可以预测焊接结果，实现复合焊工艺参数额度预选和优化，减少工艺试验的次数，节约成本；

2）研究复合焊热源在焊接过程中的热源耦合作用，扩大复合焊加工技术的应用；

3）结晶裂纹在结晶过程中就可能已经形成，所以研究瞬时应力应变对于结晶裂纹的形成具有预测意义；

4）残余应力和残余变形会严重影响焊接接头的抗脆断能力，疲劳强度和抗应力腐蚀开裂能力，所以对于残余应力应变的研究具有很重要的实际工程意义。

对于焊接应力场的模拟，一般是针对大型厚壁结构件或者重要的工程结构件，比如桥梁钢结构，高铁车体结构等。

然而需要指出的是，目前世界各国对于焊接残余应力数值模拟的研究仅有 40 余年的历史，还不成熟，很多理论和结果还存在争议，不能统一。例如关于最大残余应力的问题，从目前的成果来看，部分研究人员认为最大残余应力存在于最终焊接表层的下面，有些却认为存在于焊缝表面处。由此可见在诸多问题上，目前世界各国的研究结果还存在很大的争议亟待解决，对于焊接应力场的数值模拟技术的研究工作仍然任重道远。

对于复杂的焊接应力场研究，通常采用的是顺序耦合法，也就是通过将温度场分析的结果作为载荷施加到第二个分析中的方式进行耦合。先完成温度场分析，再通过单元转换将温度场分析结果作为载荷施加到应力应变分析的有限元模型上，具体步骤如下：

（1）温度场分析

本书前面的章节对温度场分析已经有了较为详细的叙述，这里就不再重复叙述。

（2）应力分析

1）单元类型转换。在完成温度场计算以后，重新进入前处理，将热单元转化为结构单元。

2）设置材料性能及前处理。设置结构分析中的材料属性，如弹性模量、热胀系数、屈服强度及约束方程等，施加边界条件。结合生死单元技术实现焊缝金属的填充过程。

3）读入温度场分析的节点温度。可采用程序实现加载温度时刻与应力计算时刻一致。

4）进行稳态求解。

5）后处理。

基于数值模拟的焊接应力应变分析是焊接结构与焊接工艺设计过程中的重要环节，其目的是将应力与应变作为控制对象，研究各种参数对焊接应力应变结果的影响，力求将焊接应力应变控制在理想范围。

4.4　激光-电弧复合焊接应力场数值计算案例

与焊接温度场的影响因素相同，本部分针对激光-电弧复合焊接中的这些参数进行了一系列焊接应力场数值模拟，研究在复合条件下的特有的工艺变量对于焊接温度场的影响规律，工艺变量主要包括热输入、能量配比、光-丝间距。并且为了与单热源条件对比，进行了相应的数值模拟及规律总结。

4.4.1　复合热源与单热源对比

如图 4-12 所示为不同热源条件下的焊接过程应力场（Mises 应力）分布数值模拟结果。在维持热输入量不变的情况下，提取了焊接结束时刻的焊接工件的应力场分布。可以看出，单激光焊接时，由于其作用集中，应力场的分布范围较小；而在单电弧焊接时，其焊接结束时刻的热源附近应力场分布范围较大，这主要由于其加热范围较大导致；而在复合焊接条件下，焊接应力场分布较为均匀。然而对于焊接的峰值应力，单激光焊接时最高，达到 516 MPa，复合焊接时的峰值应力达到 453 MPa，而在单电弧焊接时最低，峰值应力仅为 412 MPa。也就是说，电弧虽然会导致应力在较大范围内分布，但是相应地降低了峰值应力，激光的存在会减小应力分布范围，但会导致更高的峰值应力，在实际应用中，需要综合考虑以获得合适的焊接接头性能。

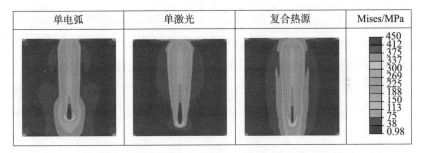

图 4 - 12　不同热源条件下的焊接过程应力场分布（见彩插）

4.4.2　热输入

在改变激光-电弧复合焊接的热输入条件下进行了焊接应力场的数值模拟。图 4 - 13 为提取的焊接结束时刻的焊接应力场分布。可以发现，在改变热输入时，焊接应力场的分布特点不发生明显变化，应力较大的区域范围有所增加。对于峰值应力，随着焊接热输入的增加也有所增大，分别是 443 MPa，457 MPa，479 MPa，这主要是因为较大热输入条件下熔池范围变大，产生的塑性变形区更大。

4.4.3　能量配比

关于能量配比对于激光-电弧复合焊接的应力场分布影响，在固定热输入的基础上，改变激光功率和电弧功率的能量比，提取了焊接结束时刻的工件应力分布状况，如图 4 - 14 所示。可以发现，在能量配比为 1∶1 时，工件的应力分布较为均匀；而在激光热源或电

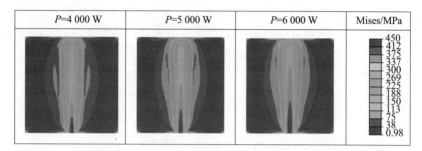

图 4-13　不同热输入下的激光-电弧复合焊接过程应力场分布（见彩插）

弧热源主导条件下，应力场的分布则会出现相应热源特征，如前所述。对比各条件下的峰值应力分布，可以发现随着激光能量的增加，峰值应力从 459 MPa 增加至472 MPa、500 MPa，这与前面的分析一致，即激光热源相比电弧热源会缩小其作用范围，导致对应的应力分布范围变化，但同时会增大峰值应力。

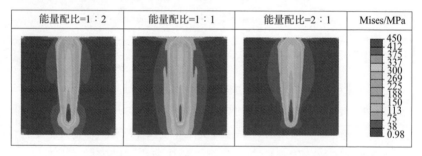

图 4-14　不同能量配比的激光-电弧复合焊接过程应力场分布（见彩插）

4.4.4　光-丝间距

　　针对激光-电弧复合焊接中的光-丝间距（D）这一关键参数，通过对焊接应力场进行数值模拟，从一定程度上反映了其对应力状态分布的影响。如图 4-15 所示，可以发现，光-丝间距这一参数基本不改变应力场分布。但是，光-丝间距对焊接结束时刻的峰值应力分布有显著影响。随着光-丝间距从 0 mm 增加至 8 mm，峰值应力呈现先增大后减小的趋势，分别是 524 MPa，472 MPa，428 MPa，

560 MPa，554 MPa。光-丝间距较小的时候，复合热源的加热作用被放大，导致熔化区域增大（见前面温度场数值模拟部分），而当光-丝间距过大以致两热源失去耦合作用，甚至形成的熔池分离，此时形成的熔池在一定程度凝固后又被重复熔化，导致应力进一步叠加。同样地，这种仅针对应力场的探究光-丝间距的影响的模拟是存在缺陷的，因为实际在光-丝间距过小时等离子体的干扰较大，会影响热源的作用，而在光-丝间距增大时，两热源会产生较好的耦合效果，在光-丝间距过大时又会失去耦合效果，在实际考虑光-丝间距对复合焊接的影响时，研究等离子体的相互作用行为是十分必要的。这部分内容在本书前面的章节中已进行阐述。本部分模拟仅可定性说明该参数的影响。

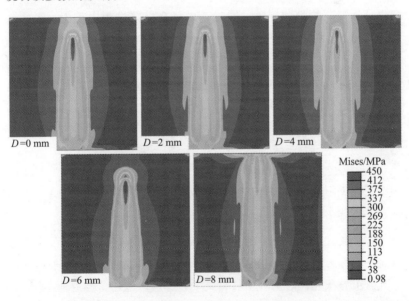

图 4-15　不同光-丝间距下的激光-电弧复合焊接过程应力场分布（见彩插）

第 5 章　激光-电弧复合焊接熔池流动特性及匙孔动态行为

目前，激光-电弧复合焊接过程机理方面的研究还处于起步阶段，而探究激光-电弧复合焊接过程中的熔池流动特性及匙孔动态行为有助于理解复合焊接的机理，同时也能够为其焊接工艺参数的优化奠定基础。本章节通过数值模拟的手段对激光-电弧复合焊接过程的熔池流动及匙孔行为进行仿真计算，以质量、动量和能量守恒方程为基础，综合考虑熔池的对流和换热、待焊板材的熔化凝固和蒸发冷凝等复杂的物理现象，同时考虑复合焊接过程中重力、表面张力、Marangoni 力、电磁力、电弧压力、蒸气反冲压力及熔滴的冲击力等多种力的影响，建立了基于激光-电弧复合焊接过程的热力耦合模型，探究了激光-电弧复合焊接过程中的熔池形貌特征、熔池流动特性及匙孔动态行为。

5.1　复合焊接熔池流动及匙孔动态行为特点

在激光焊接中，由于小孔效应的存在，其熔深大，熔宽窄；而在复合焊接中，由于电弧的加入，使得熔池的熔宽增加，熔深略减小。对于复合焊接而言，有两种引导方式：沿焊接方向，激光在电弧前方，称为激光引导电弧焊；沿焊接方向，电弧在激光前方，称为电弧引导激光焊。两种引导方式下，焊接熔池的特性有所不同。

激光前置时，激光热源的预热作用提高了电弧焊熔池的流动性，使液态熔池均匀地向焊缝两侧铺展，熔池延展较长；熔池尾部的熔融金属持续翻腾，尾部末端升起的金属液柱缓慢凝固并下落，所以焊接熔池比较稳定。熔池凝固后，其焊缝表面成形光滑，鱼鳞纹细致、规则。

电弧前置时，由于缺少电弧对熔池后方的均匀加热作用，导致小孔与熔池其他区域、熔池中心与熔池两侧的温度差增大，焊缝中线的温度始终高于两侧，加之保护气体的附加冷却作用，熔池后方流动性下降，造成熔池后方金属凝固不均匀，熔池后方的熔融金属被推送至熔池最末端之后堆积到一起，直接凝固后形成略微凸起的焊缝中线。同时，由于电弧前置，激光总是照射在电弧焊形成的熔池当中，焊缝熔深大于激光前置时的焊缝熔深，相比之下，焊缝的熔宽略小但差距不明显，这是由于在激光束中心的位置，激光照射在电弧焊接形成的熔池中，深熔小孔剧烈喷发，此处应可获得最大熔深，但焊缝两侧最边缘的熔融金属却已经开始凝固。

匙孔的形成是激光与材料作用的结果，匙孔形貌主要受到金属蒸气反作用力的影响，金属蒸气反作用力能够有效促进液态熔池的流动，使得熔池流体行为更加复杂多变，在考虑热毛细力的情况下，表面张力温度系数绝对值越大，热毛细力越大，匙孔后沿熔池表面流动越剧烈，液体向边缘的流动增强，在固/液边界的阻力下形成较大的隆起。表面张力对匙孔的形成有一定的阻碍作用，表面张力越大，形成的匙孔越浅，熔池流速分布较为均匀、平缓，匙孔更加稳定。相比于单激光焊接而言，激光-电弧复合焊接过程的匙孔不仅受到蒸气反作用力、热毛细力及表面张力的作用，还会受到熔滴落入熔池的冲击力及电弧压力等。因此，激光-电弧复合焊接过程的匙孔受力状态更加复杂。

5.2　激光-电弧复合焊接流场模型的建立

5.2.1　激光-电弧复合焊接过程的简化与假设

激光-电弧复合焊接时，激光与电弧同时作用于待焊工件上，母材发生熔化形成熔池，熔池通过不断受热而逐渐长大。在熔池的激光作用区域，由于激光的能量密度很大，该区域内的金属会迅速汽化形成一个反向的冲击压力即蒸气反冲压力，熔池主要在蒸气反冲压力的作用下克服表面张力以及流体静压力的作用而形成匙孔。而在熔池内的匙孔外部区域主要在电弧压力、电磁收缩力及熔滴冲击力的作用下发生表面熔池变形，在熔池后部隆起，冷却后形成焊缝余高。激光-电弧复合焊接过程由于两种热源的共同作用，相对于单激光和单电弧焊接过程会更加复杂。激光和电弧主要以热辐射和热传导的方式将热量传递给熔池，熔池则主要通过与周围环境的辐射换热及对流换热、与工件内部的热传导等散热。对于激光-电弧复合焊接过程的质量输运则主要包括熔池表面处的汽化质量的损失和送入的熔滴的质量。

为了更加高效地模拟激光-电弧复合焊接过程，对于复合焊接流场模型主要做如下简化和假设：

1）将液态金属假设为不可压缩牛顿黏性流体，流动方式一般为层流；

2）不考虑由于金属蒸发、焊接飞溅等造成的液态金属质量的减少；

3）忽略保护气体对熔池和匙孔的影响；

4）流体之间不发生相互渗透且不考虑各相之间的化学反应；

5）计算模型材料视为各项同性且液相区域为渗透率一定的多孔介质。

5.2.2　几何模型的建立

激光-电弧复合焊接熔池流场模型的试板为带锁底、开 V 型坡口的 3 mm 厚 6082 铝合金试板，几何模型及网格划分如图 5 - 1 所示。计算区域总体尺寸为 17.1 mm×35.1 mm× 11.1 mm，网格采用均匀的六面体笛卡儿网格，网格尺寸为 0.15 mm，网格数量为 1 974 024 个。工件放置在计算区域内，试板外围区域为 Void 区域；网格区域 Meshblock 采用连续性边界条件，试板采用散热边界条件，基于傅里叶定律，采用最外围两层网格的温度梯度计算试板与环境之间的散热量，以等效无限大平板。计算区域的工件上方预留足够空间，作为熔滴生成及余高区域，工件下方预留足够空间，以保证熔化金属不会与计算区域的边界接触或流出计算区域。

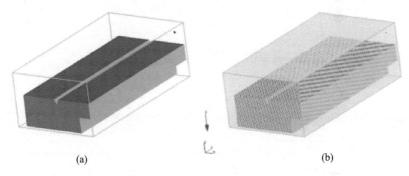

(a)　　　　　　　　　　　　　　(b)

图 5 - 1　几何模型与网格划分

5.2.3　控制方程及 VOF 方程

通过激光-电弧复合焊接熔滴过渡模型，计算求解区域内满足质量守恒、动量守恒与能量守恒组成的控制方程组。

（1）质量守恒方程

质量守恒满足连续性方程，如式（5 - 1）所示。

$$\frac{\partial \rho}{\partial t} + \nabla \cdot (\rho \boldsymbol{V}) = R_{sor} \qquad (5-1)$$

式中　$\boldsymbol{V}$ ——流体速度；

　　　ρ —— 材料密度；

　　　R_{sor} ——熔滴质量源项。

（2）动量守恒方程

根据牛顿第二定律，熔池动量守恒方程如式（5 - 2）所示。

$$\frac{\partial \boldsymbol{V}}{\partial t} = -(\boldsymbol{V} \cdot \nabla) \boldsymbol{V} + \mu \nabla^2 \boldsymbol{V} - \frac{1}{\rho} \nabla p + \frac{1}{\rho} \boldsymbol{F}_{sor} \qquad (5-2)$$

式中　p ——流体压力；

　　　$\boldsymbol{V}$ ——流体速度；

　　　ρ ——材料密度；

μ ——动力黏度；

F_{sor} ——引起熔池动量变化（动量源项）的除黏性力之外的各种力的合力。

（3）能量守恒方程

焊接过程满足能量守恒，守恒方程如式（5-3）所示。

$$\frac{\partial E}{\partial t} = -\nabla(E\boldsymbol{V}) + \nabla\cdot(k\,\nabla T) + q_{sor} \qquad (5-3)$$

式中　E ——材料的内能；

　　　k ——材料热导率；

　　　$\boldsymbol{V}$ ——流体速度；

　　　q_{sor} ——能量源项，熔池内部不考虑黏性力产热，$q_{sor}=0$。

式（5-3）中左侧为瞬态项，右侧第一项为对流项，右侧第二项为扩散项，最后一项为动量源项。

（4）VOF方程

对于气/液界面的追踪，Fluent 软件采用多相流 VOF 模型进行气/液自由界面的追踪。VOF 方法通过计算相体积分数守恒方程，确定各相的分布。流体体积函数的控制方程为

$$\frac{\partial F}{\partial t} + u\frac{\partial F}{\partial x} + v\frac{\partial F}{\partial y} + w\frac{\partial F}{\partial z} = 0 \qquad (5-4)$$

如果流体体积分数 $F(x,y,z,t)=1$，则表示对应的单元格充满了液体；如果 $0<F(x,y,z,t)<1$，则表示液体表面位于单元格中；如果 $F(x,y,z,t)=0$，则表示对应的单元格中没有液体。

5.2.4　初始条件与边界条件

（1）初始条件

结合激光-电弧复合焊接试验条件，设置初始时刻工件温度（室温）为 288.15 K（15 ℃），外界环境压力为 1 个大气压（101 325 Pa），工件初始速度为 0，Void 区域初始温度同样为 288.15 K。

（2）动量边界条件

激光-GMAW 复合焊接熔池的动量边界条件主要包括表面张力和蒸气反冲压力。

表面张力在熔池表面弯曲界面处产生附加压力 P_{add} 为

$$P_{add} = \sigma \cdot K \tag{5-5}$$

式中　　K ——熔池表面曲率。

温度梯度使得熔池表面张力产生的切向力 f_l 为

$$f_l = \nabla \sigma \tag{5-6}$$

对于单组元液态金属，温度梯度使得熔池表面产生切向力，沿任意切向 l 的切应力 f_t 为

$$f_t = \frac{\partial \sigma}{\partial T} \frac{dT}{dl} \tag{5-7}$$

将 P_{add} 与 f_l 以合力矢量形式给出如下

$$\boldsymbol{F}_\sigma = \sigma \kappa \,\hat{\boldsymbol{n}} + \nabla \sigma \tag{5-8}$$

式中　　$\hat{\boldsymbol{n}}$ ——熔池自由表面法向量单位矢量。

蒸气反冲压力是匙孔形成的必要条件，其可以通过下式来表达

$$P_r = \frac{A B_0}{\sqrt{T_w}} \exp\left(-\frac{U}{T_w}\right) \tag{5-9}$$

式中　　A ——与材料有关的常数，一般取 0.55；

　　　　B_0 ——蒸发常数；

　　　　T_w ——小孔壁面温度；

　　　　U 的值由下式来表示

$$U = \frac{m_a H_v}{N_a K_b} \tag{5-10}$$

式中　　m_a ——元素的原子质量；

　　　　H_v ——蒸发潜热；

　　　　N_a ——Avogadro 常数；

　　　　K_b ——Boltzmann 常数。

（3）能量边界条件

焊接上表面

$$-k\,\frac{\partial T}{\partial n}=q_a+q_l-\alpha_c(T-T)-m_{er}L_b \qquad (5-11)$$

焊件其他表面

$$-k\,\frac{\partial T}{\partial n}=-\alpha_c(T-T)-m_{er}L_b \qquad (5-12)$$

式中　q_a——电弧传给焊件表面的热量；

　　　q_l——激光传给焊件表面的热量；

　　　a_c——对流和辐射的综合散热系数；

　　　L_b——蒸发潜热；

　　　m_{er}——蒸发率。

5.2.5　熔滴的施加

对于激光-GMAW复合焊接过程，焊丝被电弧热和焦耳热加热熔化会形成熔滴，然后在电弧力、电磁力、重力和表面张力的综合作用下落入熔池。熔滴携带着一定的质量、能量和动量进入熔池，对焊接熔池的流动和匙孔的动态行为有着重要的影响。目前采用Fluent软件进行模拟熔滴过渡较为普遍的一种方式是在计算区域边界利用速度入口注入一定温度的液态金属，并利用一定的边界函数形成周期性过渡的熔滴。

5.2.6　求解器设置

（1）有限体积法

有限体积法介于有限元和有限差分法之间，融合了两者的优点，应用范围广、计算精度高，同时适用于各种复杂形状的流体动力学计算。有限体积法的计算思路是从质量守恒方程、能量守恒方程及动量守恒方程入手，将计算区域划分为不重复的控制体积，每个控制体积都对应一个控制节点。将微分方程组对控制体积进行积分，就会得到一组离散方程。相较于有限差分法，有限体积法对于任何一组控制体积都能够使离散化后的方程满足守恒，这是有限体积法非常吸引人的优点，使其获得了更加广泛的应用。

（2）PISO 算法

本书采用 PISO 求解算法计算复合焊流体流动状态。PISO 是压力求解隐式分裂算法（Pressure Implicit Split Operator），是在 SIMPLE 法基础上进行改进的两步校正法，其基本步骤为：预估步、第一步校正和第二步校正。首先根据上一步计算得到的速度值 u_0、v_0、w_0 求解方程组中常数项。假设一个压力值 P_0（或使用初始值），通过隐式计算动量方程获得速度值 u_1、v_1 和 w_1。通过该组速度值进行第一步校正，计算质量守恒方程得出压力修正值 P，显式计算动量方程后得出速度修正值 u、v 和 w。利用速度值进行第二次校正，求解得到修正后的速度值进入下一步迭代，直到收敛。

5.3　激光-电弧复合焊接热-力作用

5.3.1　激光-电弧复合焊接激光模型

从单激光焊物理过程来看，匙孔生成前激光束直接作用在工件表面一个薄层区域内，部分能量被反射，另一部分能量被吸收用以工件的加热，并以热传导的形式将热量传递到工件深处。当能量密度超过 10^6 W/cm^2 时，受辐照区域迅速升温并达到汽化温度，高温熔融金属在蒸气反冲压力推动下被抛出，形成小孔。激光束进一步入射到小孔内部，直接作用于小孔壁面，在绝大部分能量被吸收的同时，剩余能量被反射，反射光线方向发生变化，直到激光束能量被全部吸收或反射出匙孔，此过程称为菲涅尔吸收。材料汽化形成的金属蒸气、电离形成的等离子体对激光束有屏蔽和能量吸收作用，使得激光束能量降低，等离子体温度迅速升高，对匙孔壁面也有一定加热作用，此即逆韧致辐射吸收。因此，激光焊中激光束与材料的能量交换作用主要是通过匙孔壁面菲涅尔吸收和等离子体逆韧致辐射吸收来完成。

鉴于此，本书采用光束追踪热源模型来计算激光热输入，忽略高温等离子体对材料的加热，重点考虑匙孔壁面的菲涅尔吸收。

（1）光束追踪算法原理和假设

光束追踪算法的基本思路是将一定直径的激光束离散成 n 条光线，每条光线携带一定的能量。从光束出发的地方开始追踪光线，当搜索到工件界面时，该光束将一部分能量传递给工件，另一部分能量根据界面形貌发生反射，形成新的不同方向的光线，用同样的方法追踪新的光线。多重反射示意图如图 5-2 所示。

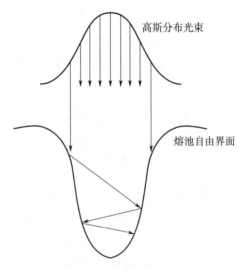

图 5-2　多重反射示意图

在以光束追踪来计算激光热源时，需要进行一定的假设：

1）入射激光束原始能量密度呈高斯分布；

2）由于激光的同向性好，将入射激光束视为平行光束，离散的光线均平行入射到工件；

3）激光束在壁面上的入射角等于反射角，即发生镜面反射。

　　使用这种光束追踪算法，符合激光深熔焊接实际物理过程，能较为真实地反映激光束在小孔壁面上的多重反射吸收，可以较大程度上描述激光焊接热源。

　　(2) 激光束的离散

　　激光束能量呈高斯分布，将其均分为 n 等份，即 n 条光线，每条根据位置不同携带不同的能量，通过积分计算该区域激光束能量密度，如图 5-3 所示。

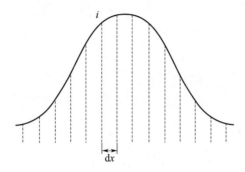

图 5-3　激光束离散示意图

　　假设相邻光束之间的距离为 $\mathrm{d}x$ ，第 i 条光线中心位置坐标为 x_i ，则其携带的初始能量为

$$Q_i = \int_{x\_i-0.5\mathrm{d}x}^{x\_i+0.5\mathrm{d}x} q(x)\,\mathrm{d}x \qquad (5-13)$$

$$q(x) = \frac{3Q}{\pi r_H^2}\exp\left(\frac{-3x^2}{r_H^2}\right) \qquad (5-14)$$

式中　Q_i——离散后每一条光线的初始能量，W；

　　　　Q——入射激光热源有效功率，W；

　　　　r_H——激光束半径，m；

　　在式 (5-14) 的计算公式中定义 95% 的能量都落到 r_H 的加热半径内。

　　本书采用该光束离散方法，将光斑直径为 1 mm 的激光束离散成平行入射的 100 份，每一份光束被假定为有方向但没有宽度的光线。

（3）光束追踪热源模型

激光深熔焊过程中的逆韧致辐射吸收效应会降低激光入射能量，即光线在穿越金属蒸气/等离子体过程中会发生能量衰减，部分能量被损耗以维持等离子体的高温状态，该现象遵循 Bouguer – Lambert 定律

$$Q_{i0} = Q_i \exp(-al) \qquad (5-15)$$

式中　Q_i ——衰减前每一道光线携带的能量；

　　　Q_{i0} ——衰减后剩余能量；

　　　a ——吸收系数；

　　　l ——光线的穿行距离。

由式（5-14）、式（5-15）得到，抵达工件壁面的第 i 条光线初始能量为

$$Q_{i0} = \int_{x\_i-0.5dx}^{x\_i+0.5dx} \frac{3Q}{\pi r_H^2} \exp\left(\frac{-3x^2}{r_H^2}\right) dx \cdot \exp\left(-\int_0^{z_0} K_{pl} dz\right)$$

$$(5-16)$$

式中　Q_{i0} ——经过衰减的初次入射能量；

　　　$\exp\left(-\int_0^{z_0} K_{pl} dz\right)$ ——光线 i 从激光器发出，到接触工件壁

面经过等离子体的能量衰减；

　　　z_0 ——其经过的距离；

　　　K_{pl} ——逆韧致辐射吸收系数。

一般来说，材料对于 s 型偏振激光和 p 型偏振激光的反射率不同，但为了简化模型，忽略激光的偏振状态，统一视为圆偏振光，因此材料对于激光的吸收率可用如下公式表示

$$R(\theta) = \frac{1}{2}\left[\frac{1 + (1 - \varepsilon\cos\theta)^2}{1 + (1 + \varepsilon\cos\theta)^2} + \frac{\varepsilon^2 - 2\varepsilon\cos\theta + 2\cos^2\theta}{\varepsilon^2 + 2\varepsilon\cos\theta + 2\cos^2\theta}\right]$$

$$(5-17a)$$

$$\varepsilon^2 = \frac{2\varepsilon_2}{\varepsilon_1 + [\varepsilon_1^2 + (\sigma_{st}/\omega\varepsilon_0)^2]^{1/2}} \qquad (5-17b)$$

式中　θ ——激光入射角度；

　　$R(\theta)$ ——焊缝表面对激光的反射率；

　　ε_0 ——真空介电常数；

　　ε_1、ε_2 ——材料和等离子体的介电常数实部；

　　ω ——激光频率；

　　σ_{st} ——所用材料单位深度的导电率。

因此，材料对于激光的吸收率为

$$A_{Fr}(\theta) = 1 - R(\theta) \qquad (5-18)$$

代入所用材料 5083 铝合金的介电常数和电导率，得到 ε 值为 0.3。

因此，光线一次入射界面吸收的能量为

$$Q_{Fr0} = Q_{i0} \cdot A_{Fr}(\theta_0) \qquad (5-19)$$

经反射后到再次接触壁面，光线 i 穿行距离为 z_1，此时光线剩余能量为

$$Q_{i1} = Q_{i0} \cdot \exp\left(-\int_0^{z_1} K_{pl}\,\mathrm{d}z\right) \cdot R(\theta_0) \qquad (5-20)$$

经过 m 次反射后接触壁面的剩余能量，和第 $m+1$ 次吸收的入射光能量分别为

$$Q_{im} = Q_{i(m-1)} \cdot \exp\left(-\int_0^{zm} K_{pl}\,\mathrm{d}z\right) \cdot R(\theta_{m-1}) \qquad (5-21)$$

$$Q_{Frm} = Q_{im} \cdot A_{Fr}(\theta_m) \qquad (5-22)$$

式中　z_m ——光线 i 经 m 次反射后再次接触壁面的穿行距离；

　　$\exp\left(-\int_0^{zm} K_{pl}\,\mathrm{d}z\right)$ ——该路径上光致等离子体对入射光线造

　　　　　　　　　　　　　　成的能量衰减。

激光能量在每一次壁面反射过程中被逐渐吸收，此即为菲涅尔效应。为精确估算匙孔壁面能量吸收情况，需确定入射光束与界面的交点，以及反射光束方向。考虑到 VOF 模型中匙孔壁面所在网格的材料体积分数为 $0 < F < 1$，因此使用这些网格的中心位置坐标以最小二乘法做曲线拟合，得到界面解析式。将该表达式与入射光束

表达式做求交运算，得到入射光束与壁面的交点位置。而后基于镜面反射定律根据界面曲线法向坐标和交点位置得到反射光束的表达式。由于复合焊过程中熔池与匙孔会发生瞬态变化，因此每一次迭代前都应进行光束的求交运算。综上所述，基于光束追踪模型的激光有效利用能量为

$$q_L = \sum_{n=0}^{m} Q_{in} A_{Fr}(\theta_n) \tag{5-23}$$

5.3.2　激光-电弧复合焊接电弧模型

MIG 电弧与熔滴热源同时作用于工件，受热部位达到熔点后即形成熔池，随着焊枪的移动熔池被逐渐拉长，并且其在电弧压力和熔滴冲击力下出现了表面下凹现象，使得金属不断向后侧堆积。当电弧和熔滴带来的热量与工件热传导、热辐射和与空气对流引起的热量耗散相平衡时，熔池不再长大，达到准稳定状态。本书考虑了激光- MIG 复合焊中电弧和熔滴带来的热量、电弧压力、表面张力、Marangoni 力、电磁力、重力、等离子流力、熔滴冲击力等影响，建立了 MIG 电弧和熔滴过渡模型。

（1）电弧热源模型

在复合焊接过程中，由于焊接速度较快，电弧对于焊枪前端和后端的热量分布是不均匀的，前端温度梯度较大，后端梯度较小，因此本书以双椭球模型来描述电弧热输入，其表达式如下

$$q_f(x,y,z) = \frac{6\sqrt{3}(f_f \eta_A I U)}{a_f bc\pi\sqrt{\pi}} \exp\left(-\frac{3(x-v_0 t)^2}{a_f^2} - \frac{3y^2}{b^2} - \frac{3z^2}{c^2}\right), x \geqslant 0 \tag{5-24}$$

$$q_r(x,y,z) = \frac{6\sqrt{3}(f_r \eta_A I U)}{a_r bc\pi\sqrt{\pi}} \exp\left(-\frac{3(x-v_0 t)^2}{a_r^2} - \frac{3y^2}{b^2} - \frac{3z^2}{c^2}\right), x < 0 \tag{5-25}$$

$$f_f + f_r = 2 \tag{5-26}$$

式中　I、U、v_0——焊接电流、电压和焊速；

A ——焊接热效率，MIG 焊取值一般为 $0.70 \sim 0.80$，由于复合焊中激光的存在提升了电弧热效率，因此本文取值 0.8；

t ——时间；

a_f、a_r、b、c ——热源分布参数；

f_f、f_r ——前后双椭球的热量分布系数，$f_f = 2a_f/(a_f + a_r)$，$f_r = 2a_r/(a_f + a_r)$。

图 5-4 为双椭球热源模型。

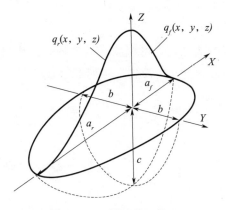

图 5-4　双椭球热源模型

（2）电弧压力模型

电弧等离子体对熔池表面的冲击形成压力作用，该压力被称为电弧压力。相对应的电弧压力分布，如下所示

$$P_A = C_j \frac{3\mu_0 I^2}{\pi^2 (a_r + a_f)(b_n + b_p)d} \exp\left[-3\frac{(x'-d_{ka})^2}{a_f^2} - 3\frac{y'^2}{b_p^2}\right]$$

$$x' - d_{la} \geqslant 0, y' \geqslant 0$$

$$(5-27)$$

$$P_A = C_j \frac{3\mu_0 I^2}{\pi^2 (a_r + a_f)(b_n + b_p)d} \exp\left[-3\frac{(x'-d_{ia})^2}{a_f^2} - 3\frac{y'^2}{b_n^2}\right]$$

$$x' - d_{la} \geqslant 0, y' < 0$$

$$(5-28)$$

$$P_A = C_j \frac{3\mu_0 I^2}{\pi^2(a_r + a_f)(b_n + b_p)d} \exp\left[-3\frac{(x' - d_{la})^2}{a^2} - 3\frac{y'^2}{b_p^2}\right]$$

$$x' - d_{la} < 0, y' \geqslant 0 \qquad (5-29)$$

$$P_A = C_j \frac{3\mu_0 I^2}{\pi^2(a_r + a_f)(b_n + b_p)d} \exp\left[-3\frac{(x' - d_{lg})^2}{a_r^2} - 3\frac{y'^2}{b_n^2}\right]$$

$$x' - d_b < 0, y' < 0$$

$$(5-30)$$

式中　C_j——电弧压力调整系数；

　　　μ_0——真空磁导率。

（3）电磁力模型

由于电流经熔池导通，电流线在熔池内部产生电磁力，驱动熔池流体流动。电磁力分布的简化形式如下

$$F_a = -\frac{\mu_m I^2}{4\pi^2 \sigma_j^2 r} \exp\left(-\frac{r^2}{2\sigma_j^2}\right)\left[1 - \exp\left(-\frac{r^2}{2\sigma_j^2}\right)\right]\left(1 - \frac{z^n}{L}\right)^2 \frac{(x^2 - d_{bo})}{r}$$

$$(5-31)$$

$$F_r = -\frac{\mu_m I^2}{4\pi^2 \sigma_j^2 r} \exp\left(-\frac{r^2}{2\sigma_j^2}\right)\left[1 - \exp\left(-\frac{r^2}{2\sigma_j^2}\right)\right]\left(1 - \frac{z^n}{L}\right)^2 \frac{y''}{r}$$

$$(5-32)$$

$$F_a = \frac{\mu_m I^2}{4\pi^2 r^2 L}\left[1 - \exp\left(-\frac{r^2}{2\sigma_j^2}\right)\right]^2\left(1 - \frac{z''}{L}\right) \qquad (5-33)$$

$$r = \sqrt{(x'' - d_{ba})^2 + y'^2} \qquad (5-34)$$

式中　μ_m——材料磁导率；

　　　r——电弧热源中心的径向距离；

　　　L——有效板厚；

　　　σ_j——电磁力分布参数，由电弧热源分布参数（a_f，a_r，b_p

　　　　　和 b_m）决定

$$\sigma_j = \sqrt{\frac{(a_f + a_r)(b_p + b_m)}{24}} \qquad (5-35)$$

（4）浮力源项的添加

熔池中液态金属由于存在温度梯度或成分梯度，造成液态金属

密度发生变化，因而产生浮力，一般均假定液态金属密度不变，采用 Boosiqi 近似来处理浮力，如下式所示

$$F_b = \rho G \beta (T - T_{ref}) \qquad (5-36)$$

式中　β ——材料热膨胀系数；

　　　　T_{ref} ——密度参考温度，即液相线温度；

　　　　ρ ——液态金属密度；

　　　　G ——重力加速度。

与表面张力和电磁力相比，浮力对液态金属流动的影响程度较小，一般浮力引起的最大速度用下式估算

$$\mu_m = \sqrt{g \beta (T - T_{ref}) W_h} \qquad (5-37)$$

式中　W_h ——熔池深度。

假设熔池深度为 0.5 cm，温度变化为 600 K，热膨胀系数为 3.5×10^{-5}/K，浮力导致的流体最大速度 μ_m 的值为 0.032 m/s。

5.3.3　激光-电弧复合焊接熔滴过渡模型

（1）熔滴过渡模型

在激光-MIG 复合焊中，填充金属以高温熔滴过渡的形式进入熔池，其带来的质量、能量和动量将对熔池温度场、流场和匙孔的动态形成过程产生严重的影响。熔滴将自身热量带入熔池，改变了熔池的温度分布状态，其下落产生的动量也将引起熔池表面的下凹和匙孔壁面的波动，改变熔池内流体流动状态，同时，熔滴自身的质量将使熔池体积增加，凝固形成余高，影响焊缝的最终成形，因此本书有必要研究合适的熔滴过渡模型。

根据熔滴过渡的工艺特性，本书将模型中工件上方速度入口边界设定为熔滴进入熔池的区域，以送丝速度不断进入计算域，并在本书所采用的较小电流下以球状过渡方式周期性下落。根据实际焊接情况，所采用焊丝直径为 1.2 mm，因此速度入口中设置 6082 铝合金入口边界的直径为 1.2 mm，其余边界为空气相入口。同时，6082 铝合金入口以焊接速度沿焊接方向同步移动。

　　熔滴在形成和下落期间，受到重力、等离子流力和表面张力等综合作用，前两者促进其形成与下落，后者阻碍其过渡。此外，电磁力会随熔滴体积不断变大而改变。在焊接电流较小的情况下，熔滴下落以重力和表面张力为主要驱动力，以直径较大的球状过渡形式进入熔池。当焊接电流较大时，电磁力和等离子流力起决定性作用，其他力可忽略不计，此时熔滴尺寸很小，以射流过渡进入熔池。

　　（2）熔滴参数的确定

　　在实际激光-MIG复合焊接试验中，焊枪倾角呈 $45°$，熔滴以一定角度进入熔池，但为了计算的简便性，忽略熔滴径向速度，将其视为垂直落入熔池。本书所用 6082 铝合金熔滴温度设定为 2 000 K。在本书所采用工艺条件下熔滴过渡频率等于电流频率 50 Hz。模拟过程中，忽略熔滴因蒸发、飞溅造成的质量消耗，在质量守恒定律的基础上，熔化的焊丝全部形成球状熔滴，则满足以下公式

$$\frac{4}{3}\pi r_d^3 f_d = v_w \pi r_w^2 \tag{5-38}$$

　　化简得到

$$r_d = \sqrt[3]{\frac{3 v_w r_w^2}{4 f_d}} \tag{5-39}$$

式中　　r_d、f_d ——熔滴半径和熔滴过渡频率；

　　　　v_w、r_w ——送丝速度和焊丝半径。

　　由此得到熔滴质量

$$m_d = \frac{4}{3}\pi \rho_d r_d^3 = \frac{\pi v_w \rho_w r_w^2}{f_d} \tag{5-40}$$

式中　　ρ_d ——焊丝材料密度。

　　下落期间，熔滴受重力与等离子流力 F_d 驱动，因此加速度为

$$a = \frac{F_d}{m_d} + g \tag{5-41}$$

$$F_d = c_d \pi r_d^2 \left(\frac{\rho_g v_g^2}{2}\right) \tag{5-42}$$

式中　　c_d ——阻力系数；

ρ_g——等离子体密度，本书取值为 2.489 kg/m³；

v_g——等离子流速度，其可由以下公式估算

$$v_g = 0.25\,\overline{I} \qquad (5-43)$$

因此，将式（5-40）～式（5-43）进行简化并代入下式后，熔滴冲击熔池的速度如下

$$v_d = \sqrt{2al_{arc} + v_w^2 \cos^2\theta_{a\_l}} = \sqrt{2\left(\frac{3\overline{I}\,l^2\rho s}{128r_{dpd}}c_d + g\right)l_{arc} + v_w^2 \cos^2\theta_{a\_l}}$$

$$(5-44)$$

式中　θ_{a_l}——激光与电弧的夹角，本书中夹角为 0；

　　　l_{arc}——电弧长度，其受众多因素影响，为简化模型，将 Invar 合金入口边界到工件的垂直距离视为电弧长度，即 $l_{arc} = 3$ mm。

5.4　激光-电弧复合焊接流场模拟结果分析

5.4.1　激光-电弧复合焊接焊缝及熔池形貌分析

如图 5-5 所示为焊接时间为 0.6 s 时得到的 6082 铝合金激光 MIG 复合焊接焊缝及熔池形貌。焊缝表面熔宽较为均匀，最大熔宽约为 7.29 mm；随着焊接过程的进行，熔深不断增加至熔入锁底，0.6 s 时的最大熔深可达 3.61 mm；焊缝余高较为均匀，余高约为 1.55 mm；焊缝成形良好。

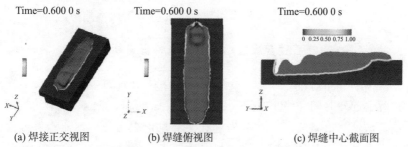

(a) 焊接正交视图　　　(b) 焊缝俯视图　　　(c) 焊缝中心截面图

图 5-5　激光-MIG 复合焊接焊缝形貌（$t = 0.6$ s）（见彩插）

0.6 s 时的熔池形貌如图 5 - 6 所示，熔池上表面最大长度约为 12.49 mm，最大宽度约为 6.00 mm，熔池熔入锁底，熔池上表面形状近似呈现双椭圆形，熔池前壁陡峭，中部和尾部出现突起，熔池后方存在拖尾现象，且存在固液混合区，随着热源的继续前进，该区域很快凝固；激光热源在前，电弧热源在后，在复合热源的热输入下，母材金属最高温度能够超过金属的沸点，形成金属蒸气，在金属蒸气反作用力的作用下，激光热源作用部位出现深而窄的匙孔，电弧热源作用处出现浅而宽的凹坑，与熔滴冲击有关。

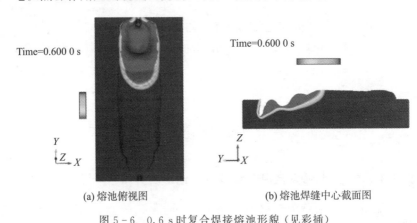

(a) 熔池俯视图　　　　　　　　　　(b) 熔池焊缝中心截面图

图 5 - 6　0.6 s 时复合焊接熔池形貌（见彩插）

激光热源扫过后，一方面液态金属很快凝固，另一方面电弧热源功率集中程度相对较低，不会使液态金属产生较多的汽化，电弧压力较小，且金属蒸气的反作用力不足以克服表面张力和弯曲液面的附加压力，因此电弧热源作用部位熔池应呈现回填趋势。

5.4.2　激光-电弧复合焊接熔池温度场特征分析

图 5 - 7 为激光-电弧复合焊接熔滴生成前后的熔池温度场演变过程，起始时间和终止时间分别为 0.547 0 s 和 0.554 0 s，熔滴过渡前，熔池峰值温度产生在激光匙孔底部自由表面处，熔池峰值温度产生波动，这与匙孔随着激光热源移动发生周期性振荡导致母材金

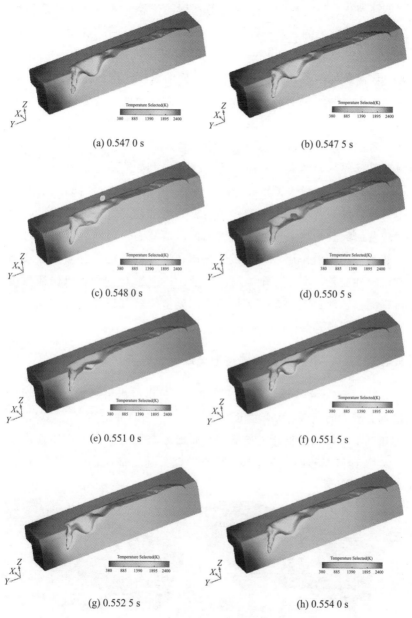

图 5-7　激光-电弧复合焊接熔滴生成前后熔池温度场云图（见彩插）

属不断熔化、汽化有关；电弧热源作用部位熔池液态金属呈现回填趋势，这与前面的分析一致。0.548 0 s 熔滴生成后，在熔滴下落过程中，熔滴被电弧包围并被不断加热，熔滴温度逐渐上升，0.550 5 s 时，熔滴温度已经升高至超过 2 000 K 的温度，同时熔滴在金属蒸气反作用力的作用下产生变形；熔滴落入熔池时，高温的熔滴给熔池带来强烈的动量冲击以及能量冲击，此时熔池峰值温度产生在熔滴下落位置；熔滴带来的能量使液态金属局部产生大量的汽化，金属蒸气反作用力增强；同时，熔滴的冲击力也给熔池表面带来很大的冲击，熔池自由表面产生下凹，形成凹坑；在极短时间内，液态金属通过对流将熔滴带来的热量拉扯到熔池内部，熔池峰值温度产生位置回到激光热源作用处；熔滴冲击使液态金属向匙孔流动对激光热源造成遮挡作用，打乱激光热源在匙孔内的能量分布，导致匙孔稳定性变差，由此可知，需要保证一定的光-丝间距，以保证焊接过程的稳定性；随后，电弧热源作用处金属蒸气反作用力减弱，熔池又出现回填趋势，一个周期结束。

5.4.3　激光-电弧复合焊接熔池流动行为分析

从图 5 - 8 熔滴及熔池速度分布云图可以看出熔滴脱落进入熔池前具有较大的速度，平均速度约为 3 m/s，熔滴冲击结束后，熔池后方速度变小，通常低于 0.5 m/s，而前方匙孔后壁面处产生速度较大，约 1～1.5 m/s，其中匙孔后壁凸起处速度最大，这不利于匙孔保持稳定性。

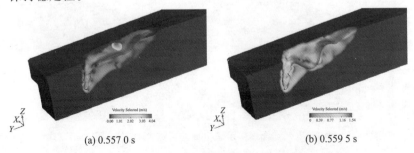

(a) 0.557 0 s　　　　　　　　(b) 0.559 5 s

图 5 - 8　熔滴及熔池速度云图（见彩插）

　　从图 5 - 9 熔池流动速度半剖视图中可以看出，熔滴冲击前熔池流动可以划分为三个区域：匙孔区域、电弧热源作用区域和熔池尾部区域。匙孔区域流动复杂，匙孔底部液态金属排开，匙孔后壁由于前一个熔滴的冲击呈现使匙孔闭合的趋势，电弧热源作用区域液态金属在重力和弯曲液面附加压力作用下从四周向中心回填，熔池尾部区域受熔滴冲击的影响向熔池后方流动，凝固后形成余高。高速熔滴冲击熔池后，熔池中心处液态金属排开，逐渐形成直径约 4 mm 的凹坑。熔池金属向四周流动，向前流动的金属促使匙孔波

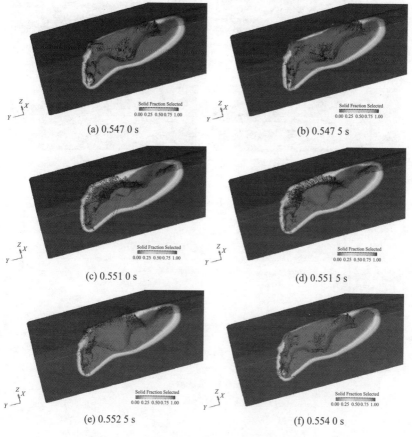

(a) 0.547 0 s　　　　　　　　　　　　(b) 0.547 5 s

(c) 0.551 0 s　　　　　　　　　　　　(d) 0.551 5 s

(e) 0.552 5 s　　　　　　　　　　　　(f) 0.554 0 s

图 5 - 9　熔池流动速度半剖视图（见彩插）

动加剧，向后流动的金属形成了较长的拖尾，熔滴冲击作用结束后，熔池流动规律与熔滴冲击前一致。

从图 5-10 熔池中心截面二维流动速度矢量图中可以看出，匙孔前壁面金属向下流动，从匙孔侧面及底部向熔池后方流动，匙孔后壁向上流动，当熔滴冲击熔池后，受熔滴冲击向前流动的金属与匙孔后壁向上的流动碰撞，促使匙孔壁面的波动。

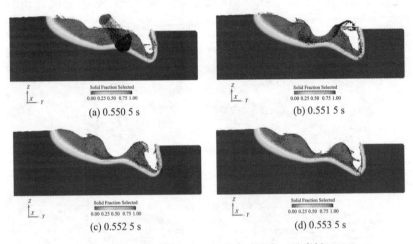

(a) 0.550 5 s　　　　　　　　　　(b) 0.551 5 s

(c) 0.552 5 s　　　　　　　　　　(d) 0.553 5 s

图 5-10　熔池纵向中心截面流动速度（见彩插）

第6章　激光-电弧复合焊接熔滴过渡特性

　　激光-电弧复合焊接过程中，电弧的形态和熔滴过渡的稳定性不仅受电弧参数的影响，还受到激光参数以及激光与电弧之间的距离（光-丝间距）的影响。激光产生的大量匙孔金属等离子体改变了电弧等离子体的形成路径及其形态，改变了熔滴受力方向，影响了熔滴过渡行为。因此，阐明激光对电弧形态和熔滴过渡行为的影响规律，是解决厚板激光-电弧复合横焊侧壁未熔合问题的基础。

6.1　熔滴过渡行为的表征参数

6.1.1　光-丝间距

　　如图 6-1 所示，焊丝延长线与待焊试板平面的交点与激光匙孔之间的距离称为光-丝间距（D）。当焊丝延长线与待焊试板平面的交点在匙孔左侧时，D 为正值，当焊丝延长线与待焊试板平面的交点在匙孔右侧时，D 为负值。

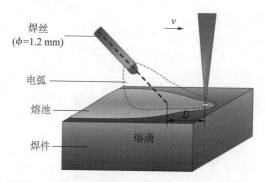

图 6-1　激光-电弧复合焊接光-丝间距示意图

6.1.2 熔滴过渡直径与落点

对高速摄像获取的熔滴过渡图像进行测量和统计分析，每组参数统计分析的熔滴个数为 20 个，如图 6 - 2 所示，以直径为 1.2 mm 的焊丝作为参照，测量熔滴两个方向的直径（D_1 和 D_2），其平均值为此熔滴的直径；熔滴落点为熔滴着陆位置与激光匙孔之间的距离（L）。以 20 个熔滴的平均直径和平均落点为该组参数熔滴的直径和落点。

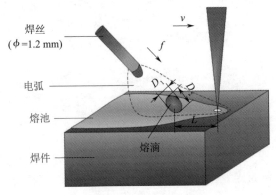

图 6 - 2　激光-电弧复合焊接熔滴直径与落点示意图

6.1.3 熔滴过渡频率

利用高速摄像图像采集系统，采集激光-电弧复合焊接熔滴过渡图像，并对过渡频率 f 进行统计分析，如图 6 - 2 所示。熔滴平均过渡频率 f 的计算公式为

$$f = \frac{N}{t_N} \tag{6-1}$$

式中　N ——过渡的熔滴个数（每组参数统计分析的熔滴个数为 100 个）；

t_N ——上述熔滴过渡的总时间。

6.2　激光-电弧复合焊接的熔滴过渡与电弧特性

本节首先在平焊位置研究激光对连续、脉冲电流电弧形态和熔滴过渡行为的影响规律，重点研究脉冲电流电弧条件下，激光对熔滴过渡行为的影响，并通过熔滴过渡频率、直径和熔滴落点三个参量评价熔滴过渡的稳定性。

6.2.1　激光-连续电弧复合焊接

短路、滴状和喷射过渡模式是三种最常见的熔滴过渡模式，其中喷射过渡模式工程应用广，焊接效率高。因此，本节针对喷射模式开展激光-连续电流电弧复合焊接熔滴过渡行为研究。

6.2.1.1　激光功率对熔滴过渡行为的影响

图 6-3 和图 6-4 分别是连续电弧焊接和激光-连续电弧复合焊接（Hybrid laser-CW arc welding）一个熔滴过渡过程，电弧电流为 290 A，激光功率为 3 kW，光-丝间距为 4 mm，焊接速度为 1 m/min。对比图 6-3 和图 6-4 可以看出，电弧焊和复合焊的熔滴过渡的时间分别是 2.3 ms 和 3.2 ms，即电弧焊和复合焊的熔滴过渡频率分别为 434.8 Hz 和 312.5 Hz，复合焊的熔滴过渡频率降低了 28%。

此外，激光引入后，熔滴落点也发生了改变。如图 6-3 所示，连续电流电弧焊接时，电弧力促使熔滴脱离焊丝端部，高速飞行的熔滴通过电弧空间，沿近似于焊丝轴向方向过渡到熔池中，其落点到焊丝端部的连线与焊丝延长线的夹角 β_1 为正值，即熔滴落点在焊丝延长线右侧 [图 6-3（f）]。而如图 6-4 所示，激光-连续电弧复合焊接时，熔滴脱离焊丝后沿斜向下方向飞行，熔滴的落点到焊丝端部的连线与焊丝延长线的夹角 β_2 为负值，即熔滴的落点在焊丝延长线左侧 [图 6-4（f）]。

图 6-5 是激光-电弧复合焊接过程中，在连续电流电弧条件下，

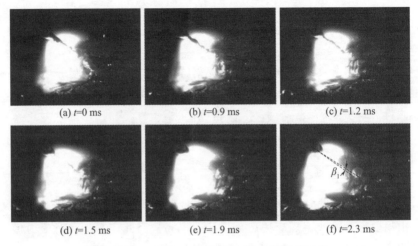

图 6-3　连续电流电弧焊接一个熔滴过渡过程

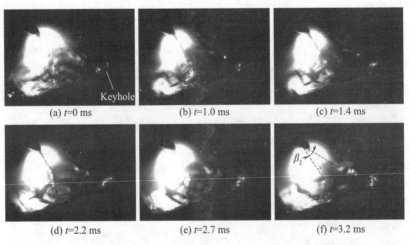

图 6-4　激光-连续电弧复合焊接一个熔滴过渡过程

激光功率对熔滴过渡频率的影响，电弧电流为 290 A，光-丝间距为
4 mm，焊接速度为 1 m/min，由图中可见，随着激光功率的增大，
熔滴过渡频率逐渐降低。这是因为激光功率越大，在激光匙孔处的
金属蒸气对熔滴的反冲作用力越大，对熔滴过渡的阻碍作用越强。

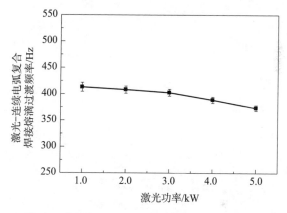

图 6-5　激光功率对激光-连续电弧复合焊接熔滴过渡频率的影响

图 6-6 是激光-电弧复合焊接过程中，在连续电流电弧条件下，激光功率对熔滴直径的影响，电弧电流为 290 A，光-丝间距为 4 mm，焊接速度为 1 m/min，由图可见，虽然激光功率对熔滴平均直径影响不明显，但是激光功率越大熔滴直径的波动越大。这是因为激光匙孔金属等离子体周期波动，金属蒸气也出现周期波动，激光功率越大激光匙孔金属等离子体和金属蒸气的波动越大，导致激光匙孔金属等离子体与电弧等离子体的相互作用以及金属蒸气反冲力对熔滴的阻碍作用都出现更大波动，因此，激光功率越大，熔滴直径的波动越大。

图 6-7 是激光-电弧复合焊接过程中，在连续电流电弧条件下，激光功率对熔滴落点至激光匙孔距离（L）的影响，电弧电流为 290 A，光-丝间距为 4 mm，焊接速度为 1 m/min。

从图 6-7 可以看出，激光功率越大熔滴落点至激光匙孔的平均距离越大，激光功率为 5 kW 时，熔滴落点至激光匙孔的平均距离比激光功率为 1 kW 时增大了 21%。这是因为激光功率越大，激光匙孔金属等离子体的密度越高，其对电弧的吸引压缩作用越明显，即激光功率越大，复合电弧越靠下，熔滴在电弧力的作用下落点将靠后。同时，激光功率越大，熔滴脱离焊丝后，在其飞行的过程中受

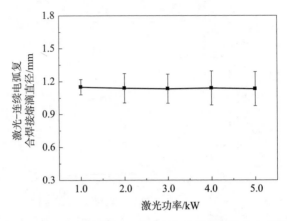

图 6-6　激光功率对激光-连续电弧复合焊接熔滴直径的影响

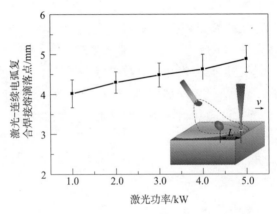

图 6-7　激光功率对激光-连续电弧复合焊接熔滴落点的影响

激光匙孔金属蒸气反冲力的作用越强，导致熔滴落点远离激光匙孔，即熔滴落点至激光匙孔的距离增大了。

6.2.1.2　光-丝间距对熔滴过渡行为的影响

图 6-8 是激光-电弧复合焊接过程中，在连续电流电弧条件下，光-丝间距对熔滴过渡频率的影响，激光功率为 3 kW，电弧电流为 290 A，焊接速度为 1 m/min，由图可见，光-丝间距越小，熔滴过

渡频率越低，光-丝间距为－2 mm 时，熔滴过渡频率比光-丝间距为 6 mm 时降低了 30%。这是因为光-丝间距越小，熔滴受激光匙孔金属蒸气反冲力越大，熔滴过渡频率越低。

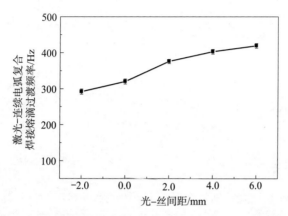

图 6-8　光-丝间距对激光-连续电弧复合焊接熔滴过渡频率的影响

图 6-9 是激光-电弧复合焊接过程中，在连续电流电弧条件下，光-丝间距对熔滴直径的影响，激光功率为 3 kW，电弧电流为 290 A，焊接速度为 1 m/min，由图可见，熔滴直径的波动较大。从图中还可以看出，随着光-丝间距的增大，熔滴平均直径略有减小。当光-丝间距为－2 mm 时，熔滴平均直径最大（1.3 mm）。当光-丝间距为 6 mm 时，熔滴平均直径最小（1.1 mm）。

6.2.2　激光-脉冲电弧复合焊接

6.2.2.1　激光功率对熔滴过渡行为的影响

图 6-10 和图 6-11 分别是脉冲电流电弧焊接和激光-脉冲电弧复合焊接（Hybrid laser-PW arc welding）一个熔滴过渡过程，激光功率为 3 kW，电弧电流为 220 A，光-丝间距为 4 mm，焊接速度为 1 m/min。从图 6-10 和图 6-11 可以看出脉冲电流电弧焊接和激光-脉冲电弧复合焊接一个熔滴过渡的时间分别为 4.4 ms 和 4.8 ms，

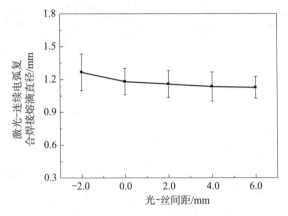

图 6 - 9　光-丝间距对激光-连续电弧复合焊接熔滴直径的影响

即其熔滴过渡频率分别为 227.3 Hz 和 208.3 Hz。激光-脉冲电弧复合焊接一个熔滴过渡频率比脉冲电流电弧焊接降低了 8.3%，而激光-连续电弧复合焊接一个熔滴过渡频率比连续电流电弧焊接降低了 28%。与激光对连续电弧熔滴过渡频率的影响相比，激光对脉冲电弧熔滴过渡频率的影响小。

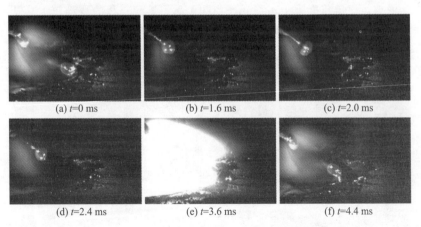

图 6 - 10　脉冲电流电弧焊接一个熔滴过渡过程

图 6 - 12 和图 6 - 13 分别是激光功率 P 为 1 kW 和 5 kW 时，激

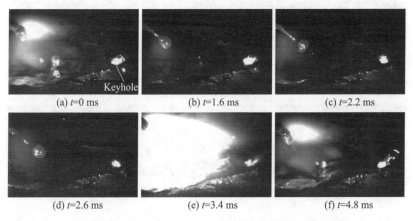

(a) t=0 ms　　　　　(b) t=1.6 ms　　　　　(c) t=2.2 ms

(d) t=2.6 ms　　　　　(e) t=3.4 ms　　　　　(f) t=4.8 ms

图 6 - 11　激光-脉冲电弧复合焊接一个熔滴过渡过程

光-脉冲电弧复合焊接一个熔滴过渡的过程，电弧电流为 220 A，光-
丝间距为 4 mm，焊接速度为 1 m/min。对比图 6 - 12 和图 6 - 13 可
以看出，当激光功率为 1 kW 时，激光对电弧的吸引作用较弱。这是
因为当激光功率为 1 kW 时，激光匙孔金属等离子体密度相对较低，
其与电弧的相互作用较弱。但是，当激光功率增加到 5 kW 时，激光
匙孔金属等离子体密度增大，其对电弧的吸引作用明显增强。

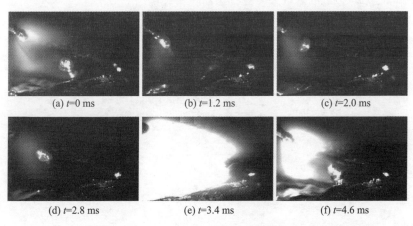

(a) t=0 ms　　　　　(b) t=1.2 ms　　　　　(c) t=2.0 ms

(d) t=2.8 ms　　　　　(e) t=3.4 ms　　　　　(f) t=4.6 ms

图 6 - 12　激光-脉冲电弧复合焊接一个熔滴过渡过程 （P =1 kW）

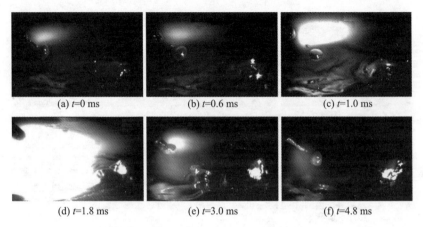

(a) t=0 ms　　　　　(b) t=0.6 ms　　　　(c) t=1.0 ms

(d) t=1.8 ms　　　　(e) t=3.0 ms　　　　(f) t=4.8 ms

图 6 - 13　激光-脉冲电弧复合焊接一个熔滴过渡过程（P = 5 kW）

　　图 6 - 14 和图 6 - 15 分别是激光功率对激光-电弧复合焊接熔滴过渡频率和熔滴直径的影响，电弧电流为 220 A，光-丝间距为 4 mm，焊接速度为 1 m/min。由图可见，在激光-电弧复合焊接过程中，与连续电弧相比，激光对脉冲电弧熔滴过渡频率和熔滴平均直径影响较小，而且激光-脉冲电弧复合焊接熔滴直径的波动幅仅为激光-连续电弧复合焊接熔滴直径波动幅的 1/3。因此，脉冲电流电弧更适合激光-电弧复合焊接过程的稳定性控制。

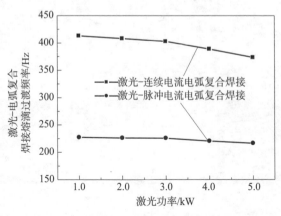

图 6 - 14　激光功率对激光-电弧复合焊接熔滴过渡频率的影响

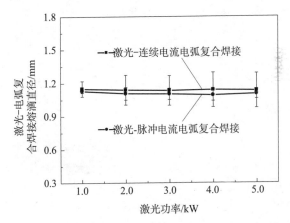

图 6-15　激光功率对激光-电弧复合焊接熔滴直径的影响

图 6-16 是在激光-电弧复合焊接过程中，激光功率对熔滴落点至激光匙孔距离（L）的影响，电弧电流为 220 A，光-丝间距为 4 mm，焊接速度为 1 m/min。由图可以看出，虽然激光功率对连续电流和脉冲电流电弧熔滴落点的影响规律相近，但是激光-脉冲电流电弧复合熔滴落点的波动幅较小，约为激光-连续电流电弧复合熔滴波动幅的 1/3。从图还可以看出，激光功率对脉冲电弧熔滴落点影响显著，激光功率为 5 kW 时熔滴落点至激光匙孔的平均距离比激光功率为 1 kW 时增大了 23%。这是因为随着激光功率的增大，激光匙孔金属等离子体的密度也增大，其与电弧的相互作用越强，电弧被吸引压缩越明显，熔滴在电弧力的作用下落点将靠后。此外，随着激光功率的增大，匙孔金属蒸气反冲力对熔滴飞行的阻力越大，熔滴落点将远离激光匙孔，所以熔滴落点至激光匙孔的距离增大。

总体看来，在不同激光功率条件下，激光-脉冲电流电弧复合焊接具有更好的稳定性。

6.2.2.2　光-丝间距对熔滴过渡行为的影响

图 6-17 至图 6-19 是光-丝间距 D 分别为 -2 mm、0 mm 和 2 mm 时，激光-脉冲电弧复合焊接一个熔滴过渡的过程，激光功率

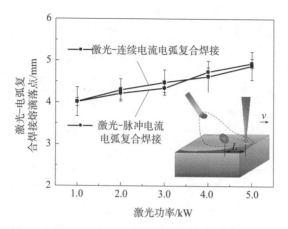

图 6-16　激光功率对激光-电弧复合焊接熔滴落点的影响

为 3 kW，电弧电流为 220 A，焊接速度为 1 m/min。

如图 6-17 所示，光-丝间距为 −2 mm 时，激光直接作用在焊丝上，严重阻碍熔滴过渡，一个熔滴过渡时间为 7.0 ms。

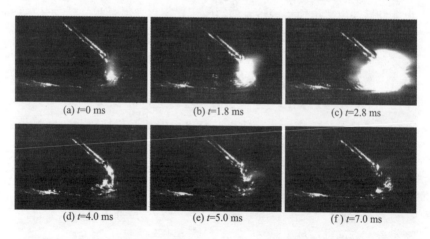

图 6-17　激光-脉冲电弧复合焊接一个熔滴过渡过程（$D = -2$ mm）

如图 6-18 所示，光-丝间距为 0 mm 时，激光未能直接作用在焊丝上，一个熔滴过渡时间缩短至 5.0 ms。

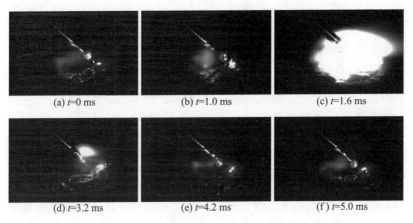

图 6-18　激光-脉冲电弧复合焊接一个熔滴过渡过程（$D=0$ mm）

　　如图 6-19 所示，光-丝间距增大至 2 mm 时，一个熔滴过渡时间缩短至 4.6 ms。这是因为与光-丝间距为 0 mm 相比，当光-丝间距为 2 mm 时，激光匙孔与焊丝有一定的距离，激光不仅未能直接作用到焊丝上，而且激光匙孔金属蒸气反冲力对熔滴过渡的阻碍作用减弱，因此，熔滴过渡时间缩短。从图 6-19 还可以看出，在光-丝间距为 2 mm 时，激光不仅对基值电流时的电弧有吸引 ［图 6-19（a）～（c）］，对临近峰值电流时也有较强的吸引作用 ［图 6-19（d）］。

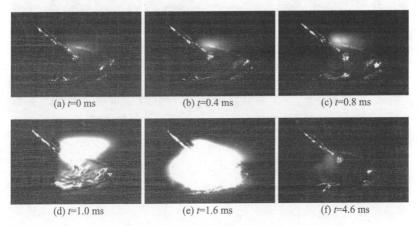

图 6-19　激光-脉冲电弧复合焊接一个熔滴过渡过程（$D=2$ mm）

　　图 6-20 至图 6-22 是光-丝间距 D 分别为 4 mm、6 mm 和 8 mm 时，激光-脉冲电弧复合焊接一个熔滴过渡的过程，激光功率为 3 kW，电弧电流为 220 A，焊接速度为 1 m/min。从图 6-20 至图 6-22 可以看出，当光-丝间距从 4 mm 增大到 8 mm 时，熔滴过渡时间变化不明显。当光-丝间距分别为 4 mm、6 mm 和 8 mm 时，熔滴过渡时间分别为 4.8 ms、4.6 ms 和 4.8 ms。从图 6-20 和图 6-21 可以看出，当光-丝间距为 4 mm 时，激光对电弧也有吸引作用，但是当光-丝间距增大至 6 mm 时，激光对电弧吸引作用较弱。当光-丝间距增大到 8 mm 时，激光对电弧的吸引作用不明显，此时，激光-脉冲电弧复合焊接电弧形态和熔滴过渡行为与脉冲电弧焊相似，如图 6-22 所示。

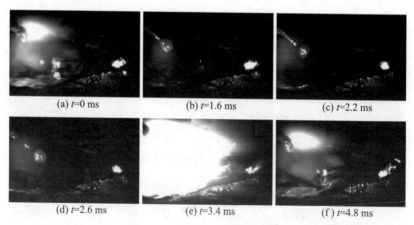

(a) t=0 ms　　　　(b) t=1.6 ms　　　　(c) t=2.2 ms

(d) t=2.6 ms　　　　(e) t=3.4 ms　　　　(f) t=4.8 ms

图 6-20　激光-脉冲电弧复合焊接一个熔滴过渡过程（D = 4 mm）

　　图 6-23 是光-丝间距对激光-电弧复合焊接熔滴过渡频率的影响，激光功率为 3 kW，电弧电流为 220 A，焊接速度为 1 m/min。从图可以看出，当光-丝间距为 -2 mm 时，激光-连续电流复合焊接和激光-脉冲电流电弧复合焊接的熔滴过渡频率都较低，分别为 292 Hz 和 134 Hz，这是因为此时激光直接作用在焊丝上，严重阻碍熔滴过渡所致。从图 6-23 还可以看出，对于激光-脉冲电流电弧复

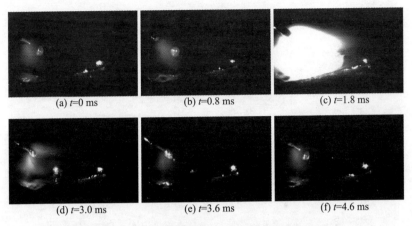

(a) *t*=0 ms   (b) *t*=0.8 ms   (c) *t*=1.8 ms

(d) *t*=3.0 ms   (e) *t*=3.6 ms   (f) *t*=4.6 ms

图 6-21 激光-脉冲电弧复合焊接一个熔滴过渡过程（D =6 mm）

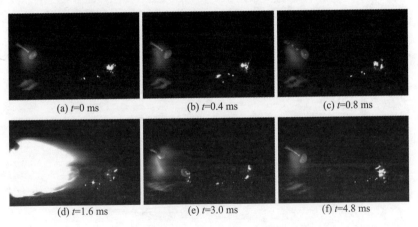

(a) *t*=0 ms   (b) *t*=0.4 ms   (c) *t*=0.8 ms

(d) *t*=1.6 ms   (e) *t*=3.0 ms   (f) *t*=4.8 ms

图 6-22 激光-脉冲电弧复合焊接一个熔滴过渡过程（D =8 mm）

合焊接，当光-丝间距为 -2～2 mm 时，随着光-丝间距的增大，熔滴过渡频率也增大。但是当光-丝间距为 2～6 mm 时，熔滴过渡频率略有增加，熔滴过渡频率与光-丝间距关系曲线趋于平缓。这是因为随着光-丝间距的增大，激光匙孔金属等离子体对电弧的吸引作用减弱，同时，激光匙孔金属蒸气反冲力对熔滴过渡的阻碍作用也减弱，因此，熔滴过渡受激光的影响减弱。

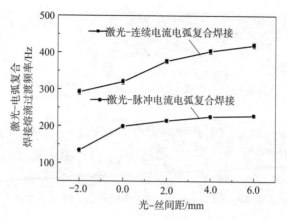

图 6-23　光-丝间距对激光-电弧复合焊接熔滴过渡频率的影响

图 6-24 是光-丝间距对激光-电弧复合焊接熔滴直径的影响，激光功率为 3 kW，电弧电流为 220 A，焊接速度为 1 m/min。从图可以看出，与激光-连续电流复合焊相比，光-丝间距对激光-脉冲电流复合焊熔滴直径的影响较小，且熔滴直径波动幅仅为激光-连续电流复合焊接的 1/3。

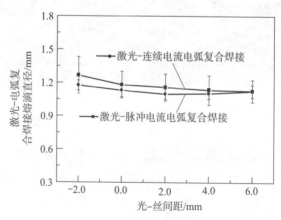

图 6-24　光-丝间距对激光-电弧复合焊接熔滴直径的影响

综上所述，对于激光-连续电弧复合焊接过程，激光会影响熔滴过渡频率、直径和落点，且其波动幅是激光-脉冲电弧复合焊接的 3 倍；而对于激光-脉冲电弧复合焊接过程，激光对熔滴过渡频率和直径影响小，主要影响熔滴落点。在激光-电弧复合焊接过程中，激光功率和光-丝间距是主要影响因素，激光功率越大，光-丝间距越小，激光对连续、脉冲电流电弧熔滴过渡行为的影响越大。

6.2.3　激光-电弧复合焊接熔滴过渡受力分析

在激光-电弧复合焊接过程中，熔滴过渡行为取决于作用在熔滴上的合力的大小和方向。如图 6-25 所示，根据熔滴过渡的静态力平衡理论，与电弧焊接相比，激光-电弧复合焊接的熔滴过渡除了受到重力 F_g、表面张力 F_t、等离子流力 F_p 和电磁收缩力 F_{em} 的影响之外，激光匙孔金属蒸气对熔滴产生了一个反冲作用力 F_v。激光-电弧复合焊接过程中，在连续电流电弧喷射过渡模式和脉冲电弧条件下，熔滴所受到的电磁收缩力 F_{em}、等离子流力 F_p 和重力 F_g 是促进熔滴过渡的作用力，而表面张力 F_t 和金属蒸气反冲力 F_v 则为阻碍熔滴过渡的作用力。在连续电流电弧喷射模式和脉冲电流电弧条件下，电磁收缩力 F_{em}、等离子流力 F_p 和激光金属蒸气反冲力 F_v 是决定熔滴过渡行为的主要因素，而表面张力和重力对熔滴过渡的影响较小。下面将重点分析在激光-电弧复合焊接过程中，熔滴所受到的电磁收缩力 F_{em}、等离子流力 F_p 和金属蒸气反冲力 F_v 的大小和方向。

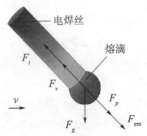

图 6-25　激光-电弧复合焊接熔滴受力示意图

电磁收缩力 F_{em} 的计算公式为

$$F_{em}=\frac{\mu_0 I^2}{4\pi}f_2 \tag{6-2}$$

$$f_2=\ln\frac{R\sin\theta}{r}-\frac{1}{4}-\frac{1}{1-\cos\theta}+\frac{2}{(1-\cos\theta)^2}\ln\frac{2}{1+\cos\theta}$$
$$\tag{6-3}$$

式中　μ_0——介质磁导率；

　　　I——电弧电流；

　　　f_2——电弧形态系数；

　　　R——熔滴半径；

　　　r——焊丝半径；

　　　θ——电弧传导角（图 6-26）。

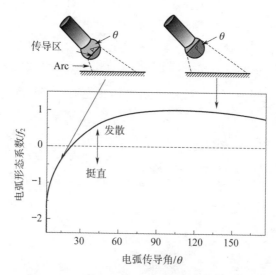

图 6-26　电弧传导角对电弧形态系数的影响

从图 6-26 可以看出，当电弧传导角（θ）较小时，电弧形态系数为负值，则电磁力也为负值，此时电磁力阻碍熔滴过渡。当电弧传导角（θ）较大时，电弧形态系数为正值，则电磁力也为正值，此时电磁力促进熔滴过渡。从式（6-2）和式（6-3）可以看出，作用在熔滴上的电磁力的大小随电弧电流和电弧传导角的增大而增大。此外，作用在熔滴上的电磁力的方向与电弧形态有关，电磁力方向从 A 点指向 B 点，如图 6 - 27 所示。

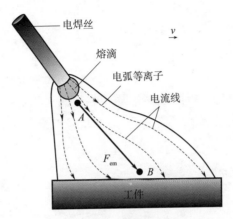

图 6 - 27　熔滴所受电磁力的方向

　　球体在等离子流中悬浮的状态下，流体将像图 6 - 28 那样流动，由于球体后半球面的涡流要引起压力的下降，导致球体前半球面的压力高于球体后半球面的压力，使球体受到了向下的拉力作用。因此，球体所受流体作用力可用下述公式表示

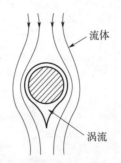

图 6 - 28　悬浮气流中的熔滴

$$F_f = C_D A_p \left(\frac{\rho_f \upsilon_f^2}{2} \right) \qquad (6 - 4)$$

式中　C_D —— 流体拖拽系数；

　　　A_p —— 球体在垂直于流体流动方向上的投影面积；

　　　ρ_f —— 流体密度；

　　　v_f —— 流体速度。

　　因此，作用在熔滴上的等离子流力 F_p 可以通过修正公式（6 - 4）而得到，可以假设 A_p 为作用在熔滴上的电弧传导区面积，如图 6 - 29 所示。因此，作用在熔滴上的等离子流力的大小随电弧传导面积和电流的增大而增大。此外，作用在熔滴上的等离子流力的方向与电弧形态有关，等离子流力 F_p 方向从 C 点指向 D 点，如图 6 - 30 所示。

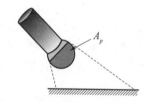

图 6 - 29　作用在熔滴上的电弧传导区面积

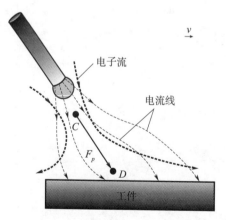

图 6 - 30　熔滴所受等离子流力的方向

　　激光与材料之间的相互作用导致材料熔化、汽化，并在激光束入射位置形成激光匙孔。从激光匙孔处喷发出的大量金属蒸气对熔滴产生了一个反冲作用力。因此，熔滴所受激光匙孔金属蒸气反冲力 F_v 可用下述公式表示

$$F_v = C_D A_p \left(\frac{\rho_v v_v^2}{2} \right) \tag{6-5}$$

假设式（6-5）中 C_D 为匙孔金属蒸气拖拽系数，A_p 为熔滴在垂直于匙孔金属蒸气流动方向上的投影面积，ρ_v 为匙孔金属蒸气密度，v_v 为匙孔金属蒸气的流动速度。在激光焊接过程中，金属蒸气主要由来源于材料剧烈汽化时形成的匙孔壁中克努森层蒸发和焊缝熔池熔融体的蒸发而产生。因此，在保持激光束的聚焦光斑半径不变的情况下，作用在熔滴上的金属蒸气反冲力 F_v 的大小随激光束强度的增大而增大。同时，光-丝间距越小，熔滴所受到的激光匙孔金属蒸气反冲力越大。作用在熔滴上的金属蒸气反冲力的方向与熔滴运动方向相反。

综上所述，熔滴所受到的电磁收缩力 F_{em}、等离子流力 F_p 的大小和方向与电流大小和电弧形态有关，而熔滴所受到的激光匙孔金属蒸气反冲力 F_v 的大小与光-丝间距以及激光功率有关。因此，当光-丝间距和激光功率一定时，激光匙孔金属蒸气反冲力 F_v 不变，确定激光引入前后，电弧形态和电流大小的变化是分析熔滴所受电磁收缩力 F_{em} 和等离子流力 F_p 的大小和方向变化的关键。

6.2.4　激光-电弧复合焊接电弧特性

6.2.4.1　激光-连续电弧复合焊接电弧特性

图 6-31 是连续电弧焊接和激光-连续电弧复合焊接电弧形态，从图可知激光引入后，弧柱区体积减小，电弧收缩。这是因为铁原子的电离电位为 7.87 eV，而氩原子的电离电位为 15.76 eV，铁原子的电离电位比氩原子的电离电位低了 50%，所以激光匙孔附近的电阻率较低，即高温高密度的激光匙孔金属等离子体为电弧提供了电阻率较低的导电通道，根据最小电压原理，复合焊电弧将在焊丝

端部与激光匙孔之间形成。与连续电弧焊接相比，激光-连续电弧复合焊接的弧柱区体积减小，电弧收缩。

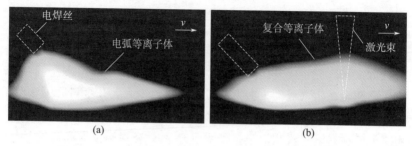

图 6-31　连续电弧焊接和激光-连续电弧复合焊接电弧形态

　　图 6-32（a）和图 6-32（c）分别为连续电弧焊接和激光-连续电弧复合焊接熔滴过渡图，图 6-32（b）和图 6-32（d）分别为其放大图。对比图 6-32（a）和图 6-32（c）可以看出，激光-连续电弧复合焊接电弧收缩，熔滴飞行方向发生改变，熔滴落点靠后。如图 6-32（b）所示，电弧焊时，熔滴所受合力方向与焊丝延长线的夹角 α_1 为正值，而激光-连续电弧复合焊接时，熔滴所受合力方向与焊丝延长线的夹角 α_2 为负值，如图 6-32（d）所示。

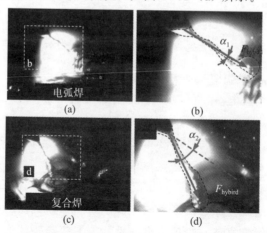

图 6-32　连续电弧焊接和激光-连续电弧复合焊接熔滴受力方向

与连续电弧焊接相比，在激光-连续电弧复合焊接过程中，弧柱区体积减小，电弧收缩，熔滴所受合力方向靠下，导致熔滴落点靠后。因此，电弧形态是影响激光-连续电弧复合焊接熔滴落点的主要因素。

图 6-33 是激光对连续电流电弧焊接电流的影响，激光功率为 3 kW，光-丝间距为 4 mm，焊接速度为 1 m/min。从图 6-33 可知激光引入后，连续电弧电流降低。连续电弧焊接时，电弧平均电流为 289.4 A，而激光-连续电弧复合焊接时，电弧平均电流为 274.2 A。与连续电弧焊接相比，激光-连续电弧复合焊接电弧平均电流降低了 5%。根据式 (6-2) 和式 (6-4)，熔滴所受电磁力大小与电流的平方成正比，与电弧传导面积成正比，而熔滴所受等离子流力大小也与电弧传导面积成正比。激光引入后，电弧电流减小，而激光引入前后熔滴均包裹在电弧中，电弧传导面积不变，因此，激光引入后，促进熔滴过渡的电磁力降低了，而等离子流力大小的变化不明显。在连续电弧喷射过渡模式，电磁力是主要的促进力。电磁力的降低以及激光匙孔金属蒸气反冲力对熔滴过渡的阻碍作用，导致熔滴过渡频率下降。从图 6-33 还可以看出，激光引入后，连续电弧电流波动增大。连续电弧电流的波动势必引起电磁力的波动，这将导致熔滴受力大小发生变化，引起熔滴过渡直径发生变化，这就是激光-连续电弧复合焊接过程中熔滴直径波动大的原因。

6.2.4.2　激光-脉冲电弧复合焊接电弧特性

与连续电流电弧相比，在脉冲电流电弧的峰值电流条件下，电弧挺度较大，激光的引入是否仍能改变电弧的形态及其电流是分析激光-脉冲电弧复合焊接熔滴过渡受力大小和方向的关键。

图 6-34 和图 6-35 分别是基值、峰值电流时，脉冲电弧焊接和激光-脉冲电弧复合焊接的电弧形态。对比图 6-34 (a) 和 (b) 可知，在基值电流时，激光引入后，弧柱区体积减小，电弧收缩。

而在峰值电流时，如图 6-35 所示，虽然电弧挺度增大，但是激光引入后，电弧形态仍受影响，复合焊电弧的弧柱区体积也减小，

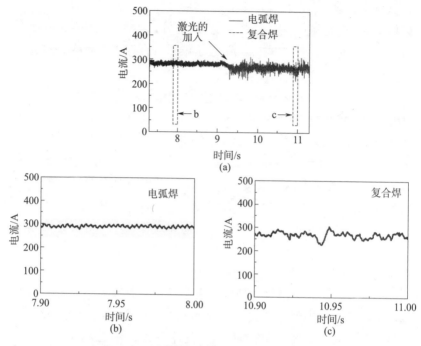

图 6 - 33　激光对连续电流电弧焊接电流的影响

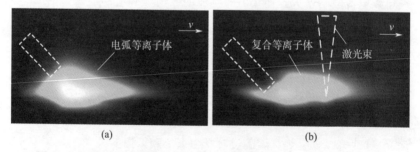

图 6 - 34　脉冲电弧焊接和激光-脉冲电弧复合焊接基值电流电弧形态

电弧也收缩。因此，在基值、峰值电流，激光都影响激光-脉冲电弧复合焊接的电弧形态。

　　图 6 - 36 是激光对脉冲电流电弧焊接电流的影响，从图可知激

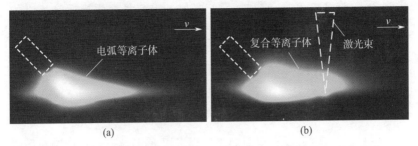

图 6-35　脉冲电弧焊接和激光-脉冲电弧复合焊接峰值电流电弧形态

光引入前后，脉冲电弧电流的基值、峰值和脉冲周期的变化不明显。根据式（6-2）和式（6-4），熔滴所受电磁力大小与电流的平方成正比，与电弧传导面积成正比，而熔滴所受等离子流力大小也与电弧传导面积成正比。激光引入后，脉冲电弧电流变化不明显，而且激光引入前后熔滴都包裹在电弧中，电弧传导面积不变。因此，激光引入后，虽然激光匙孔金属蒸气反冲力对熔滴过渡有阻碍作用，但是促进熔滴过渡的电磁力和等离子流力的大小变化不明显，因此，激光对激光-脉冲电弧复合焊接的熔滴过渡频率和熔滴直径影响小。

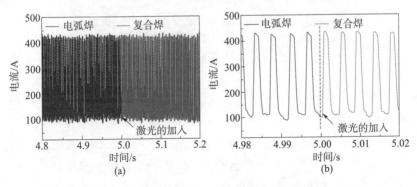

图 6-36　激光对脉冲电流电弧焊接电流的影响

综合上述分析，与连续、脉冲电流电弧焊接相比，激光-连续电弧复合焊接、激光-脉冲电弧复合焊接的弧柱区体积都减小，电弧都收缩，熔滴所受合力方向靠下，熔滴落点靠后。因此，电弧形态是影响激光-连续电弧复合焊接、激光-脉冲电弧复合焊接熔滴落点的主要因素。

6.3　横焊位姿激光-电弧复合焊接熔滴稳定过渡控制

6.3.1　熔滴落点及其对焊缝形貌的影响

厚板激光-电弧复合双面同步横焊采用 K 型坡口，以抑制在横焊时由于重力的作用而引起的咬边问题。同时，侧壁未熔合是厚板横焊时最容易出现的问题，坡口越窄小，侧壁未熔合问题越突出。图 6-37 是电弧电流为 200 A 时，厚板激光-电弧复合双面同步横焊出现的侧壁未熔合焊缝形貌。为了分析侧壁未熔合的形成原因，采用高速摄像获取了激光-脉冲电弧复合双面同步横焊一侧的熔滴过渡行为图像，如图 6-38 所示。

图 6-37　激光-电弧复合双面同步横焊焊缝侧壁未熔合

从图 6-38 可以看出，在基值电流和峰值电流时刻，电弧都在坡口上侧壁燃弧，熔滴脱离焊丝尖端后向熔池过渡，但是由于此时电弧在侧壁燃烧，熔滴未包裹在电弧中[图 6-38 (d) 和图 6-38 (e)]，在熔滴飞行过程中，电磁力和等离子流力对熔滴几乎没有作用，在重力和激光匙孔金属蒸气反冲力的作用下，熔滴落在坡口下侧壁上 [图 6-38 (f)]，未能顺利过渡到熔池中。因此，控制熔滴落点是抑制厚板激光-电弧复合横焊侧壁未熔合缺陷的关键。

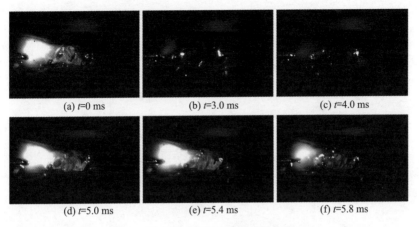

(a) t=0 ms　　　　　(b) t=3.0 ms　　　　　(c) t=4.0 ms

(d) t=5.0 ms　　　　　(e) t=5.4 ms　　　　　(f) t=5.8 ms

图 6 - 38　激光-电弧复合横焊熔滴过渡

6.3.2　熔滴受力分析与落点控制

为了控制熔滴落点，解决厚板激光-电弧复合双面同步横焊侧壁未熔合缺陷，建立了激光-电弧复合横焊熔滴不稳定过渡模式，如图 6 - 39 所示，从图可以看出，在焊接过程中，电弧侧壁燃弧，电磁力 F_{em} 和等离子流力 F_p 沿着电弧燃弧方向，从焊丝尖端指向坡口上侧壁 [图 6 - 39 (a)]，形成了类似于磁偏吹的现象，熔滴脱离焊丝尖端后，沿着焊接方向飞行，由于此时熔滴未包裹在电弧中，熔滴在飞行的过程中只受到重力 F_g 和激光匙孔金属蒸气反冲力 F_v 的作用 [图 6 - 39 (b)]，由于作用在熔滴上的重力方向向下，而激光匙孔金属蒸气反冲力的方向与熔滴飞行方向相反，这两个力的共同作用使得熔滴向坡口下侧壁飞行，导致熔滴落在坡口下侧壁，熔滴未能顺利过渡到熔池中，形成侧壁未熔合缺陷。

基于上述分析，首先，拟采取增大电流的方法，以增大电弧挺度，让电弧在坡口中心燃弧，使得熔滴在飞行时始终被包裹在电弧中 [图 6 - 40 (a)]，熔滴在飞行过程中始终受到电磁力和等离子流力的作用 [图 6 - 40 (b)]，以保证熔滴沿直线飞行并顺利过渡到熔池中。

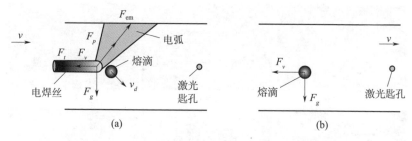

图 6-39　激光-电弧复合横焊熔滴不稳定过渡模式

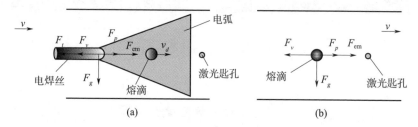

图 6-40　大电流激光-电弧复合横焊熔滴过渡模式

　　为了验证通过增大电流的方法实现熔滴落点控制的可行性，利用高速摄像采集了熔滴的飞行过程图像。图 6-41 是电弧电流从 200 A 提高到 260 A 后，激光-电弧复合双面同步横焊一侧的熔滴过渡行为图像，从图可以看出，虽然增加了电弧电流，在基值电流和峰值电流时刻，电弧仍都在坡口上侧壁燃弧，导致熔滴落在坡口下侧壁 ［图 6-41（f）］。因此，通过提高电弧电流仍未能实现激光-电弧复合横焊熔滴落点的稳定性控制。

　　如图 6-42 所示，基于激光-电弧复合平焊熔滴过渡行为的分析，拟利用激光吸引电弧的特性，通过减小光-丝间距，增大激光匙孔金属等离子体对电弧的吸引作用，让电弧在坡口中心燃弧，使得熔滴在飞行时始终被包裹在电弧中，如图 6-42（a）所示，熔滴将在电磁力和等离子流力的作用下 ［图 6-42（b）］，沿直线飞行并顺利过渡到熔池中。

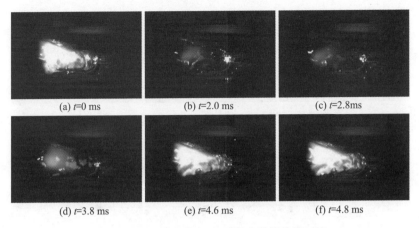

(a) t=0 ms　　　　　(b) t=2.0 ms　　　　　(c) t=2.8ms

(d) t=3.8 ms　　　　　(e) t=4.6 ms　　　　　(f) t=4.8 ms

图 6-41　大电流激光-电弧复合横焊熔滴过渡

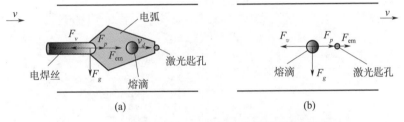

图 6-42　小光-丝间距激光-电弧复合横焊熔滴过渡模式

　　图 6-43 是光-丝间距从 4 mm 减小到 2 mm 后，激光-电弧复合双面同步横焊一侧的熔滴过渡行为图像，从图可以看出，光-丝间距减小后，激光匙孔金属等离子体对电弧的吸引作用增强，电弧在坡口中央燃弧，坡口的上下两个侧壁都受到电弧的加热，熔滴始终包裹在电弧中并沿着焊接方向飞行［图 6-43（b）～（d）］，稳定过渡到熔池中［图 6-43（f）］，解决了横焊侧壁未熔合问题，得到了成形良好的焊缝形貌，如图 6-44 所示。

　　综合上述分析，电流大小并非影响熔滴落点的主要因素，而光-丝间距才是控制熔滴落点的主要因素。通过减小光-丝间距，增大激光匙孔金属等离子体对电弧的吸引作用，熔滴在电磁力和等离子流

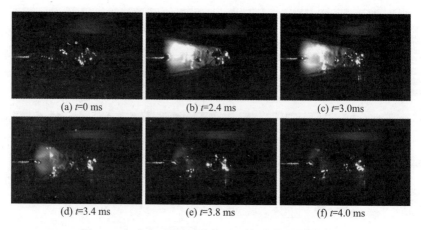

(a) t=0 ms 　　　(b) t=2.4 ms 　　　(c) t=3.0ms

(d) t=3.4 ms 　　　(e) t=3.8 ms 　　　(f) t=4.0 ms

图 6-43　小光-丝间距激光-电弧复合横焊熔滴过渡

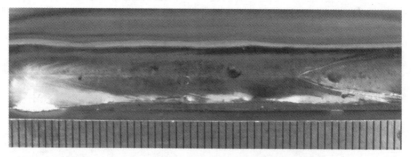

图 6-44　激光-电弧复合双面横焊无侧壁未熔合焊缝

力的共同作用下，稳定过渡到熔池中，实现了窄坡口激光-电弧复合横焊熔滴过渡落点稳定性控制，解决了窄坡口横焊侧壁未熔合问题。

1）在激光-电弧复合焊接过程中，对于连续电流电弧，激光会影响熔滴过渡频率、直径和落点，且其波动幅是脉冲电流电弧的 3 倍；而对于脉冲电流电弧，激光对熔滴过渡频率和直径影响小，主要影响熔滴落点。与激光-连续电弧复合焊接相比，激光-脉冲电弧复合焊接的熔滴过渡更加稳定，更适合激光-电弧复合焊接。

2）电弧形态是实现激光-电弧复合热源稳定焊接的主要控制因

素。对于连续、脉冲电流电弧，激光引入后，弧柱区体积减小，电弧收缩，改变了熔滴所受的电磁力和等离子流力的方向，进而影响熔滴落点。

3）针对横焊位姿因重力、非对称坡口对熔滴、电弧的影响，利用激光对电弧的吸引和收缩作用，通过减小光-丝间距，有效地抑制了电弧侧壁燃弧，熔滴在电磁力和等离子流力的作用下，稳定过渡到熔池中，实现了横焊位姿 30 mm 厚船用高强钢激光-电弧复合焊接熔滴过渡稳定性控制，解决了厚板横焊侧壁未熔合问题。

第7章 高强钢激光-电弧复合双面横焊基础工艺研究

在实现了厚板激光-电弧复合双面横焊熔滴过渡稳定性控制的基础上，本章开展了 30 mm 厚高强钢激光-电弧复合双面同步横焊工艺研究。厚板激光-电弧复合双面同步横焊包括打底层和填充层焊接，其中打底层焊接是保证接头焊接质量的关键，是本章的重点。本章将从焊接工艺参数对焊缝成形的影响、焊接缺陷的形成与抑制和接头性能等方面研究厚板激光-电弧复合双面同步横焊工艺特性。

7.1 打底层焊接工艺研究

7.1.1 工艺参数对焊缝成形的影响

图 7-1 是 30 mm 厚板激光-电弧复合双面同步横焊打底层焊缝横截面，从图中可以看出，激光-电弧复合双面同步横焊打底层焊缝呈"哑铃状"特征，既不同于激光-电弧复合单面焊焊缝的"高杯状"特征，也不同于电弧双面焊焊缝的"束腰状"特征。激光-电弧复合双面同步横焊焊缝中心宽度比焊缝表面宽度窄。为了考察焊接工艺参数对焊缝形貌的影响，定义焊缝熔深 H 为焊缝左侧至右侧的长度，如图 7-1 所示。定义焊缝中心熔宽为 W_1，焊缝表面熔宽为 W_2，如图 7-2 所示。

（1）输入能量对打底层熔深的影响

图 7-3 是激光功率对激光-电弧复合双面同步横焊打底层焊缝熔深的影响示意图，脉冲电弧电流为 220 A，光-丝间距为 2 mm，为保证完全穿透，且获得较大的穿透熔深，焊接速度略有降低，为 0.6 m/min，由图可见，激光-电弧复合双面同步横焊打底层熔深高

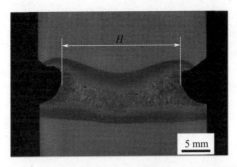

图 7-1　激光-电弧复合双面横焊打底层焊缝横截面

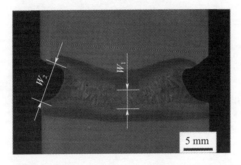

图 7-2　定义激光-电弧复合双面横焊打底层焊缝熔宽

达 15~18 mm。焊缝熔深随着激光功率的增大而增大，激光功率从
2.7 kW 增大到 4.7 kW 时，焊缝熔深增大了 14%。

　　图 7-4 是电弧电流对激光-电弧复合双面同步横焊打底层焊缝
熔深的影响，激光功率为4.7 kW，光-丝间距为 2 mm，焊接速度为
0.6 m/min，从图可以看出，焊缝熔深随着脉冲电弧电流的增大而增
大，电弧电流从 160 A 增大到 240 A 时，焊缝熔深增大了 26%。这
是因为电弧电流越大，熔覆金属越多，焊缝熔深越大。

　　(2) 焊接速度对打底层熔深的影响

　　图 7-5 是焊接速度对激光-电弧复合双面同步横焊打底层焊缝
熔深的影响，激光功率为 4.7 kW，脉冲电弧电流为 220 A，光-丝间
距为 2 mm。从图中可以看出，焊缝熔深随着焊接速度的增大而显著

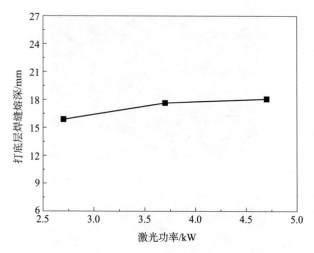

图 7 - 3　激光功率对打底层焊缝熔深的影响

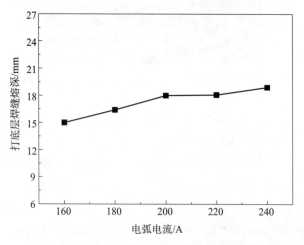

图 7 - 4　电弧电流对打底层焊缝熔深的影响

减小，焊接速度从 0.6 m/min 提高到 1.4 m/min 时，焊缝熔深减小了 33%。这是因为焊接速度越大，单位时间熔覆金属越少，焊缝熔深越小。对比图 7 - 3、图 7 - 4 和图 7 - 5 可以看出，激光-电弧复合双面同步横焊打底层焊缝熔深的主要影响因素是焊接速度。

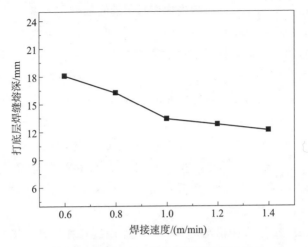

图 7-5　焊接速度对打底层焊缝熔深的影响

（3）输入能量对打底层熔宽的影响

图 7-6 是激光功率对激光-电弧复合双面同步横焊打底层焊缝熔宽的影响，脉冲电弧电流为 220 A，光-丝间距为 2 mm，焊接速度为 0.6 m/min，从图中可以看出，焊缝中心熔宽（W_1）随着激光功率的增大而显著增大，激光功率从 3.7 kW 增大到 4.7 kW 时，焊

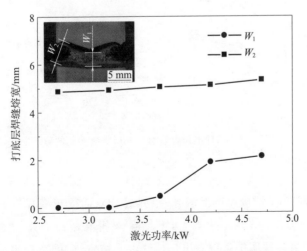

图 7-6　激光功率对打底层焊缝熔宽的影响

缝熔宽增大了 3.5 倍；而激光功率对焊缝表面熔宽（W_2）的影响较小，激光功率从 2.7 kW 增大到 4.7 kW 时，焊缝熔宽增大了 10%。由于激光的深穿透特性，焊缝中心金属的熔化主要由激光的作用而形成，而焊缝表面熔宽主要取决于电弧参数，所以，激光功率对焊缝中心熔宽的影响显著而对焊缝表面熔宽的影响较小。

图 7-7 是脉冲电弧电流对激光–电弧复合双面同步横焊打底层焊缝熔宽的影响，激光功率为 4.7 kW，光–丝间距为 2 mm，焊接速度为 0.6 m/min，从图中可以看出，电弧电流对焊缝中心熔宽（W_1）的影响较小，而对焊缝表面熔宽（W_2）的影响显著。电弧电流从 160 A 增大到 240 A 时，焊缝表面熔宽增大了 80%。这是因为与激光的深穿透特性相比，电弧的热作用区浅而宽，所以电弧电流对焊缝中心熔宽影响较小，而对焊缝表面熔宽影响较大。

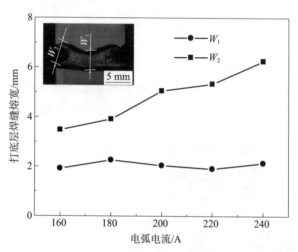

图 7-7　脉冲电弧电流对打底层焊缝熔宽的影响

（4）焊接速度对打底层熔宽的影响

图 7-8 是焊接速度对激光–电弧复合双面同步横焊打底层焊缝熔宽的影响，激光功率为 4.7 kW，光–丝间距为 2 mm，脉冲电弧电流为 220 A，从图中可以看出，焊缝中心熔宽（W_1）和焊缝表面熔

宽（W_2）都随焊接速度的提高而减小。焊接速度从 0.6 m/min 提高到 1.4 m/min 时，焊缝中心熔宽减小了 30%，而焊缝表面熔宽减小了 59%。这是因为随着焊接速度的提高，激光和电弧线能量都减小，焊缝中心熔融金属和焊缝表面熔覆金属都减少了，所以焊缝中心熔宽和表面熔宽都随焊接速度的提高而减小。

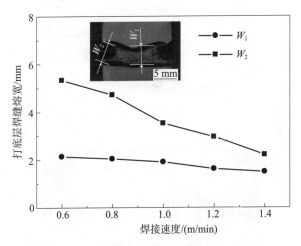

图 7-8　焊接速度对打底层焊缝熔宽的影响

7.1.2　焊接缺陷的形成与抑制

在激光-电弧复合双面同步横焊打底层接过程中，容易出现侧壁未熔合、未焊透和气孔缺陷。在上一章中，由于厚板焊接坡口较窄，电弧容易在上侧壁燃弧，导致熔滴落在坡口下侧壁，形成侧壁未熔合缺陷。通过减小激光和电弧的间距，利用激光对电弧的吸引和压缩作用，可以有效地控制电弧在坡口中心燃弧，熔滴在电磁力和等离子流力的作用下，稳定过渡到熔池中，实现了窄坡口激光-电弧复合横焊熔滴过渡稳定性控制，解决了窄坡口横焊侧壁未熔合的问题。

激光线能量是抑制焊缝未焊透的主要因素。当激光线能量较小（2.7 kJ/cm）时，双面熔池未能贯通，焊缝出现未焊透缺陷，如图 7-9 所示。通过提高激光线能量，保证双面熔池贯通，可以有效

抑制未焊透缺陷，如图 7 - 10 所示，该焊缝的激光线能量为
4.7 kJ/cm。

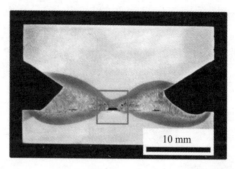

图 7 - 9　　激光-电弧复合双面打底横焊未焊透缺陷

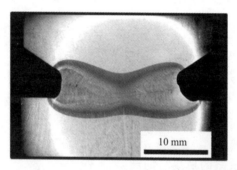

图 7 - 10　　高激光线能量下激光-电弧复合双面打底横焊接头

　　焊接速度是影响焊缝气孔缺陷的主要因素。与传统电弧焊相比，
激光-电弧复合双面横焊坡口较窄，熔池较小，结晶速度较快，气孔
更难逃逸到熔池表面，容易形成气孔缺陷。当焊接速度较快
（1.4 m/min）时，熔池凝固较快，气孔更来不及逸出熔池，导致焊
缝出现气孔缺陷，如图 7 - 11 所示。通过降低焊接速度，增大熔池
体积，减小结晶速度，能有效抑制气孔缺陷，如图 7 - 10 所示，该
焊缝的焊接速度为 0.6 m/min。

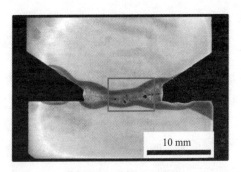

图 7-11　激光-电弧复合双面打底横焊气孔缺陷

7.1.3　打底层接头性能

激光-电弧复合双面同步打底横焊拉伸试验取样位置与接头断后试样如图 7-12 所示，将试样未填充部分铣平再进行拉伸性能测试［图 7-12（a）］。从图 7-12（b）可以看出，接头断裂位置与临近的焊缝熔合线的距离约为 40 mm，即接头断裂于母材，表明接头抗拉强度高于母材。

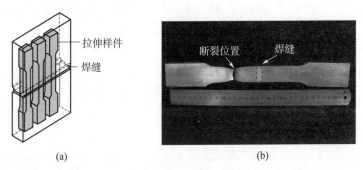

图 7-12　激光-电弧复合双面打底横焊拉伸取样位置与接头断裂位置

7.2　填充层焊接工艺研究

在激光-电弧复合双面同步横焊打底层熔滴稳定过渡控制、焊缝形貌、缺陷抑制研究的基础上，开展激光-电弧复合双面同步横焊填充层焊接研究。

　　图 7 - 13 是 30 mm 厚高强钢激光-电弧复合双面同步横焊焊接次序，采用优化焊接工艺，共需要焊接 4 道，其中第 1 道为打底层，第 2 道至第 4 道为填充层。表 7 - 1 列出了优化的 30 mm 厚高强钢激光-电弧复合双面同步横焊工艺参数，打底层焊接工艺原则是大功率激光，以实现深穿透，而对于填充层焊接，则采用小激光功率，引导电弧实现稳定填充。打底层激光线能量是填充层激光线能量的 2.5 倍。

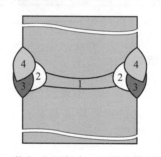

图 7 - 13　激光-电弧复合双面同步横焊焊接次序

表 7 - 1　激光-电弧复合双面同步横焊优化焊接参数

层数	激光功率/kW	电弧电流/A	电弧电压/V	电弧频率/Hz	焊接速度/(m/min)	聚焦长度/mm	光-丝间距/mm	α/(°)	β/(°)	θ/(°)
1	4.7	220	24.4	220	0.6	−12	2	15	15	45
2	1.9	238	24.3	220	0.8	−8	2	10	10	45
3	1.9	218	23.1	220	0.8	−5	2	10	10	45
4	1.9	219	24.2	220	0.8	−2	2	10	10	45

　　图 7 - 14 是优化的激光-电弧复合双面同步横焊焊接参数下获得的焊缝形貌，图 7 - 14 （a）和图 7 - 14 （b）分别是左右两侧焊缝的表面形貌，从图中可以看出，采用 4 道焊缝完成了 30 mm 厚高强钢的焊接，且焊缝表面成形良好，无裂纹和焊瘤等缺陷。如图 7 - 14 （d）所示，焊缝无未焊透、侧壁未熔合、裂纹和气孔等缺陷。

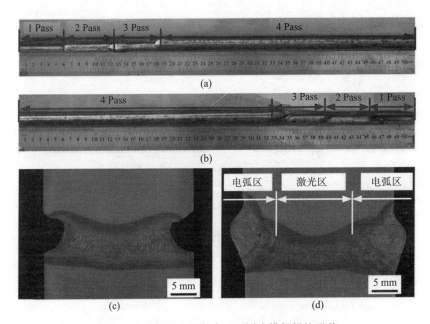

图 7 - 14　激光-电弧复合双面同步横焊焊缝形貌

　　对于激光-电弧复合单面焊，焊缝呈"高杯状"，焊缝上部和下部因分别具有电弧焊缝和激光焊缝的特征，且焊缝上部和下部的组织与性能存在差异，分别称为焊缝电弧作用区和焊缝激光作用区。而对于"哑铃状"的激光-电弧复合双面同步横焊焊缝，由于激光焊接的深穿透特性，焊缝中心的熔深大熔宽小，这是激光焊焊缝特征，为了便于讨论，也将其定义为焊缝激光作用区（Laser zone），而焊缝两侧的熔深浅熔宽大，为电弧焊焊缝特征，定义为焊缝电弧作用区（Arc zone），如图 7 - 14（d）所示。

7.3　接头整体性能

　　图 7 - 15 是激光-电弧复合双面同步横焊接头整体拉伸试样断裂位置，从图中可以看出，接头断裂位置与临近的焊缝熔合线的距离约为

35 mm，即接头断裂于母材，表明激光-电弧复合双面同步横焊接头整体的抗拉强度大于母材。激光-电弧复合双面横焊接头中心和两侧位置的−50 ℃冲击吸收功分别达到 102 J 和 57.3 J，满足焊接质量要求（大于 27 J）。

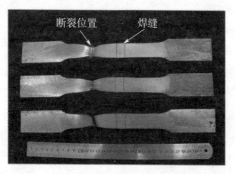

图 7-15　激光-电弧复合双面同步横焊接头拉伸试样断裂位置

7.4　激光-电弧复合双面同步横焊工艺稳定性验证

为了验证激光-电弧复合双面同步横焊工艺的稳定性，进行了长度为 1.5 m，厚度为 30 mm 的长厚板高强钢的焊接，焊接过程稳定，焊缝表面成形良好，无裂纹和焊瘤等缺陷。图 7-16 为长厚板焊缝表面形貌，图 7-17 为长厚板激光-电弧复合双面同步横焊系统。

图 7-16　1.5 m 长激光-电弧复合双面横焊焊缝

图 7 - 17　长厚板激光-电弧复合双面同步横焊系统

1) 采用激光-电弧复合双面同步焊新方法，4 道焊接完成了 30 mm 厚高强钢横焊位姿的高强、高效连接。焊缝表面成形良好，无裂纹、未焊透、侧壁未熔合和气孔等缺陷。接头的屈服强度和抗拉强度均高于母材，且其冲击吸收功大于 27 J。

2) 激光-电弧复合双面同步焊的打底层焊接是保证焊接质量的关键，打底层焊接应采用高激光功率（4.7 kW），低焊接速度（0.6 m/min），保证双面熔池贯通，可以有效抑制未焊透和气孔缺陷，焊缝熔深可达 18 mm。填充层焊接则应采用小激光功率（1.9 kW）引导电弧实现稳定填充。

3) 打底层焊缝熔深的主要影响因素是焊接速度，焊接速度从 0.6 m/min 提高到 1.4 m/min 时，焊缝熔深减小了 33%；而焊缝中心熔宽的主要影响因素是激光功率，激光功率从 3.7 kW 增大到 4.7 kW 时，焊缝中心熔宽增大了 3.5 倍；焊缝表面熔宽则主要取决于电弧电流。电弧电流从 160 A 增大到 240 A 时，焊缝表面熔宽增大了 80%。

第8章　激光-电弧复合焊接技术的发展

激光-电弧复合焊接技术概念，已经历了近四十余年的发展。随着新的焊接热源出现以及激光-电弧复合焊接物理、冶金机理的发展，涌现出激光-CMT复合焊接、激光-变极性等离子弧焊接、振镜激光-电弧复合焊接等新方法以及磁控辅助、液态填充等控形控性作用方法，进一步丰富和完善了激光-电弧复合焊接机理及工艺方法。

8.1　磁场辅助激光-电弧复合焊接

在中厚板激光-电弧复合焊接过程中，激光与材料相互作用产生的光致等离子体及电弧焊接本身存在的电弧等离子体都会对激光产生屏蔽效应，降低激光的利用效率；高穿透能力的激光在复合焊接过程中因为其本身的匙孔效应也会加剧液态金属的流动，降低焊接过程的稳定性。另外，针对铝合金、镁合金等焊接性较差的材料，激光-电弧复合焊接时也同样面临着气孔、塌陷等焊接缺陷。因此，为了提高激光复合焊接过程中的激光能量利用效率，增大焊接过程稳定性，进一步抑制焊接缺陷及改善焊缝组织及性能，扩大中厚板激光-电弧复合焊接的应用，相关学者提出了磁场辅助激光-电弧复合焊接的方法。

8.1.1　磁场辅助激光-电弧复合焊接的基本原理

磁场作为一种能量输入响应快、无接触、无污染及便于添加的手段，目前已经在工业生产中得到大量应用。由电磁感应原理可知，磁场与带电流体相互感应能够产生安培力及洛伦兹力，从而改善带电流体的运动状态。磁场辅助激光-电弧复合焊接的原理如图8-1所示，在激光复合焊接过程中施加磁场，磁场能够与焊接过程中的等离子体、熔池液态金属等导电流体产生相互作用，从而调控等离子体运动行为、控制熔池流动状态及改善匙孔稳定性。

目前所使用的磁场摆放位置主要分为两种：主要作用于等离子体区域的待焊板材上方和主要作用于熔池内部的板材下方。另外，用于焊接过程的磁场按照磁场类型主要分为两大类，一类是稳定磁场（包括永磁铁和将恒定电流通入感应线圈产生），另一类为非稳定磁场（主要包括交变磁场和旋转磁场等）。按照磁力线与激光束轴线的相互位置又主要将磁场分为横向磁场和纵向磁场。

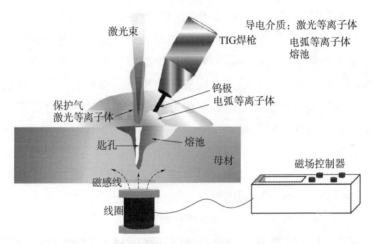

图 8-1　磁场辅助激光-电弧复合焊接原理图

磁场对激光-电弧焊接过程的影响机制主要体现在以下三个方面：

1) 磁场会影响等离子体的动态行为，从而影响复合焊接的过程。首先，电弧等离子体在外加磁场的作用下会受到安培力的作用。通过调整磁场频率和磁力线方向等可以控制电弧的运动，使电弧发生偏转或收缩。其次，磁场会改变光致等离子体的运动方向，减弱光致等离子体对激光能量的屏蔽作用，提高激光的能量利用效率，增大熔深。

2) 磁场与焊接熔池内的液态熔融金属相互作用会在熔池内产生洛伦兹力，从而对熔池内部产生搅拌效应，改变熔池内的温度梯度。起到打碎柱状晶，均匀组织，消除偏析等缺陷的作用。

3) 磁场的加入能够抑制匙孔坍塌,增加匙孔稳定性。常磁场的加入,会降低匙孔周边的液态金属的流动速度,减少熔池液态金属因剧烈运动而引起的匙孔波动。另外,液态金属流速的降低也会减少熔池的热传导,使熔池前部由于积累了热量使温度升高,有利于匙孔向下延伸并保持稳定,有利于减少匙孔性气孔的产生。

8.1.2　磁场辅助激光-电弧复合焊接的特点

磁场辅助激光-电弧复合焊接主要有以下特点及优势。

(1) 改善焊缝成形,获得优质的焊接接头

激光-电弧复合焊接过程中,通过改变磁场参数,能够调节复合焊接头焊缝成形系数,获得良好的焊缝截面形貌。如华中科技大学王春明教授团队发现在恒定纵向磁场作用下,随着磁感应强度的增加,接头熔宽明显增大。同时,接头横截面形貌由钉头状逐渐转变为蘑菇状,上部开口逐渐增大,底部内径逐渐减小,如图 8-2 所示。另外,在激光-电弧复合穿透焊接时,由于焊接过程的不稳定性,焊缝背部有时会产生明显的焊瘤等焊接缺陷,通过调节磁力线方向与磁感应强度,磁场能够对焊接过程中的熔池产生一个稳定向上的托力,抑制焊缝背部焊瘤等缺陷的产生。

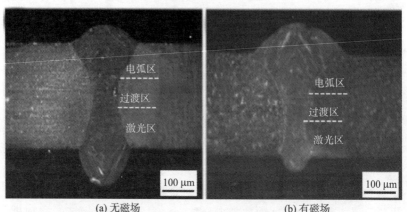

(a) 无磁场　　　　　　　　　　(b) 有磁场

图 8-2　有无磁场下的复合焊接头形貌对比

（2）降低接头气孔率和消除热裂纹

虽然激光-电弧复合焊接针对铝合金、镁合金等难焊材料有很大的优势，但是由于这些材料的热物理特性，在激光-电弧复合焊接时还是难以完全消除气孔、微裂纹等焊接缺陷。而采用磁场辅助激光-电弧复合焊接，磁场一方面能够稳定匙孔，减少匙孔性气孔的产生，另一方面磁场也能够改善熔池温度梯度，降低熔池冷却速度，延长熔池的存在时间，促进气孔的逸出，从而使得焊缝内的气孔率大大降低。如图 8-3 所示，当在铝合金激光-电弧复合焊接过程中施加稳定磁场后，焊后接头的气孔率明显降低。另外，还有研究表明磁场对于焊接熔池的搅拌作用，能使元素分布更加均匀，能够明显抑制焊接热裂纹的产生。

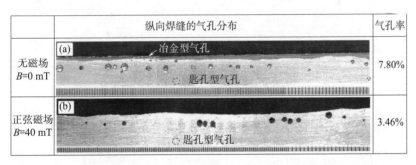

图 8-3　有无磁场下的铝合金激光-电弧复合焊接焊缝气孔分布

（3）细化晶粒，均匀组织及提高接头力学性能

磁场对于激光-电弧复合焊接熔池的电磁搅拌作用，能够改变熔池的流动状态，打碎较粗大的晶粒，使晶粒细化。另外，由于各种组织的形成与焊接熔池的瞬态冷却速度有关，磁场对于熔池的搅拌，能够使得熔池各位置流动更加充分，使得组织更加均匀化分布，从而使焊接接头各力学性能得到显著提高。如图 8-4 所示，在铝合金激光-电弧复合焊接过程施加交变磁场发现：由于外加磁场对于熔池的搅拌作用，焊缝内的柱状晶区域明显减小，晶粒得到明显细化且晶粒的生长方向分布也变得更加均匀，导致接头硬度和拉伸性能提高。

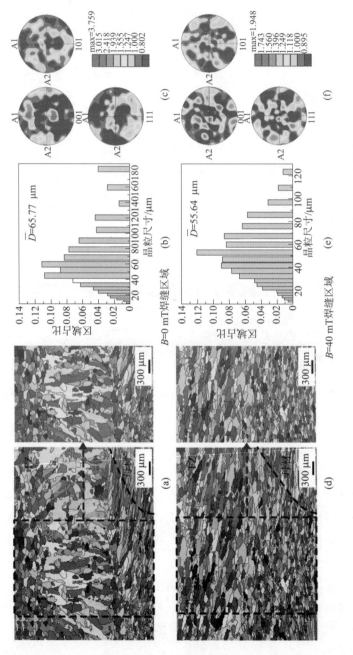

图 8 - 4　有无磁场下的铝合金激光-电弧复合焊缝晶粒分布（见彩插）

8.2　激光-CMT 复合焊接

激光-电弧复合焊接常见的组合是激光- TIG/MIG，这种形式通常可以获得较大的熔深并且具有一定的间隙适应能力。但是对于这几种复合形式，常常由于焊接热输入过大以及工艺参数不当导致焊接过程不稳定，飞溅多，甚至导致激光匙孔波动大，引起气孔缺陷。而 CMT 技术具有热输入低，焊接过程稳定等显著优势，利用 CMT 与激光能量在局部空间的耦合作用，不但能保持 CMT 焊接自身较为稳定、热输入低的优点，还能极大地增大熔深，提高间隙适应能力，这对薄壁构件的焊接具有重大的意义。

8.2.1　激光-CMT 复合焊接的原理

激光- CMT（Cold Matel Transfer）复合焊接技术是利用激光能量与 CMT 电弧能量在局部空间的耦合，激光产生的等离子体对电弧起到引导和压缩作用，提高焊接电弧的电流密度，使得电弧稳定性增强。而由于电弧的预热作用，使得工件表面温度升高，从而使得激光的吸收率大大增加。

CMT 弧焊技术是在短路过渡基础上开发的，普通 MIG/MAG 短路过渡过程是：焊丝熔化并形成熔滴，随着焊丝的送进熔滴接触熔池并发生短路，熔滴在短路电流产生的电磁收缩力及液体金属的表面张力作用下过渡到熔池中，短路时伴有大的电流（大的热输入量）和飞溅。而 CMT 冷金属过渡技术过渡方式正好相反，短路过渡时的焊接电流较小，同时焊丝的回抽运动帮助熔滴脱落，消除了飞溅，使得焊接过程更加稳定。

激光-CMT 复合焊接技术能够综合激光焊接熔深大以及 CMT 焊接焊接过程稳定、减少飞溅的优点，是在激光-电弧复合焊接基础上的又一大技术革新。如图 8 - 5 所示为激光-CMT 复合焊接过程原理图，激光用于穿透待焊板材，增大熔深。CMT 焊接过程主要分为以下几个阶段：最初阶段焊丝起弧并逐渐向熔池靠近，熔滴不断长大直至接触到熔池，形成短路，而后焊丝回抽，在焊丝的端部形成液态小桥，产生缩颈，最后液态小桥断裂，完成短路过渡，焊丝端部重新起弧。

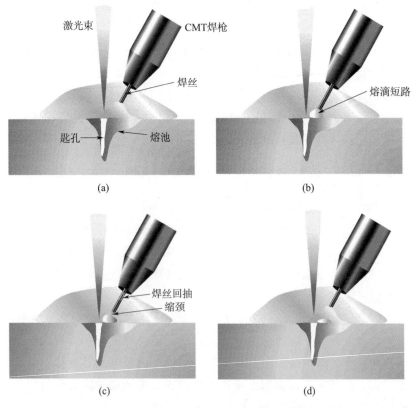

图 8-5　激光-CMT 复合焊接原理示意图

8.2.2　激光-CMT 复合焊接的特点

激光-CMT 复合焊接是基于短路过渡模式进行的。区别于传统的激光-MIG/MAG 复合焊接，激光-CMT 复合焊接技术具有如下特点。

（1）低热输入量

激光-MIG/MAG 复合焊接短路电流较大，短路时热输入占总能量比例较高。而激光-CMT 在短路过渡时，电弧提前一段时间熄灭，焊丝经过一定的缓冲，在送丝机的控制下回抽，而此时短路电流很小。通过这种方式，短路过渡时的热输入量远远低于激光-MIG/MAG 焊接，因此激光-CMT 焊接总体的热输入量较低，焊接变形量小，所得焊缝柱状晶晶粒小，冶金质量高。

（2）无飞溅焊接

普通激光-MAG 复合焊接由于短路过渡产生爆断，熔滴四散飞出，即形成飞溅，造成焊接过程不稳定。而 CMT 技术通过附加机械力进行回抽，克服表面张力的作用，拉断液桥使熔滴脱离熔池，完成整个熔滴过渡过程，这种过渡方式在根本上消除了飞溅产生的原因，从而实现了无飞溅焊接。

（3）电弧更加稳定

激光-CMT 焊接时，电弧的稳定性不受干伸长变化的干扰。焊丝回抽是通过机械控制，当母材表面高度发生较大变化时，由于焊丝直接送进直接接触熔池，因此起弧时焊丝与熔池高度相对一致，不会受到较大干扰，与普通激光-MIG 焊接相比焊接过程更加稳定。

（4）焊缝表面成形和熔深均匀一致，焊缝重复性好

电弧电流的变化会导致电弧电压也有所变化，总体的能量变化较为明显，热输入变化使得焊缝熔宽改变。然而由于激光-CMT 电弧不受干伸长变化的干扰，因此能量输入稳定、一致，从焊缝成形上则表现为熔宽稳定。如图 8-6 所示为激光-MIG 复合焊接和激光-CMT 复合焊接的焊缝表面成形对比。相比于激光-MIG 复合焊接，激光-CMT 复合焊接过程中产生的飞溅以及熔滴较小，这都有利于维持激光匙孔的稳定性，减少气孔缺陷。如图 8-7 所示为激光-MIG 复合焊接和激光-CMT 复合焊接的焊缝气孔缺陷分布。

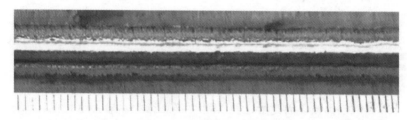

(a) 激光-CMT复合焊接

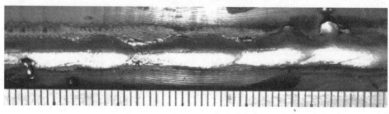

(b) 激光-MIG复合焊接

图 8-6　不同焊接方法下的焊缝表面成形

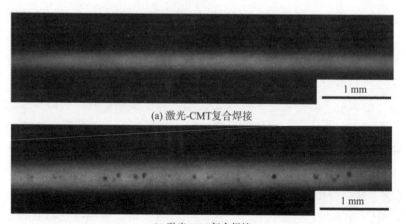

(a) 激光-CMT复合焊接

(b) 激光-MIG复合焊接

图 8-7　不同焊接方法下的焊缝气孔缺陷分布

8.3　激光-TIG 双侧复合焊接

现有的激光-TIG 复合焊接（LTDSW）指的是激光-TIG 同侧复合，即激光和 TIG 热源位于待焊板材同侧。这种复合方式虽然能够提高工件对激光的吸收率、增大熔深、提高电弧稳定性、减少焊接缺陷，但是一个不可避免的事实就是激光束需穿过电弧，电弧等离子体对激光能量的吸收和散焦作用造成激光能量的损耗，尤其是对于 CO_2 激光，吸收率可高达 40%。并且有相关研究发现：当电弧电流较大时，电弧等离子体对激光束的能量损耗更为严重，导致激光对电弧的压缩与吸引作用不复存在，复合焊也从匙孔焊转向热导焊。这些问题在焊接中厚板难焊材料如铝合金、镁合金等时尤为严重。为了克服上述问题，苗玉刚博士在国内开展了激光-TIG 双侧复合焊接的系统性研究工作。

8.3.1　激光-TIG 双侧复合焊接的原理

激光-TIG 双侧复合焊接的原理同样是结合激光和 TIG 电弧热源，而不同于常规激光-电弧复合的是，这种方法激光热源与电弧热源分布于工件的两面。在焊接过程中，利用电弧加热作用可以提高金属对激光的吸收率，并且提高激光匙孔的温度，提高激光焊过程中匙孔的稳定性和激光的能量利用率，增大激光焊缝背面熔宽，减少焊接缺陷，提高焊接生产率，降低焊接成本。同时，利用激光和电弧对称加热时形成的热集聚区效应，使热量不易散失，可以大幅度地增大激光和电弧焊的熔深，实现中厚板材料的高效优质连接。

其原理示意图如图 8-8 所示，左侧部分为 TIG 焊枪，右侧部分为激光头，中间部分为焊接件；为保证两热源在焊接过程中处于对等地位，一般采用立向上的焊接方式，激光束和 TIG 电弧在工件两侧同时对称加热，并保持激光束和 TIG 焊枪的轴线与工件垂直。试验过程中，激光束和 TIG 焊枪保持固定，由立焊行走机构带动工件上下运动，通常焊接过程中无需填丝，仅靠熔化母材实现连接。

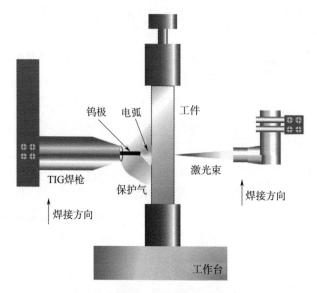

图 8-8　激光-TIG 双侧焊接示意图

8.3.2　激光-TIG 双侧复合焊接的特点

相比较于常规布置的激光-TIG 复合焊接，激光-TIG 双侧复合焊接具有如下特点。

（1）增大熔深，改善焊缝成形质量

激光-TIG 双侧复合焊接通过电弧对激光匙孔底部的预热效应，增大激光焊熔深，这种预热作用也提高了匙孔的稳定性，对于一些高导热系数材料成形差的问题有明显的改善作用，提高焊接过程的稳定性。

图 8-9 为相同激光参数条件下的 5A06 铝合金激光焊和激光-TIG 双侧复合焊接焊缝成形。可以看出由于铝合金表面张力小、合金元素易挥发等因素，激光焊表面成形较差，出现明显的下凹缺陷。而激光-TIG 双侧复合焊接激光侧焊缝成形美观，分析发现可能是电弧加热作用使得激光焊等离子体更加稳定，同时电弧力对激光焊熔

池存在"支撑"作用,因而避免了单激光焊下凹的缺陷。

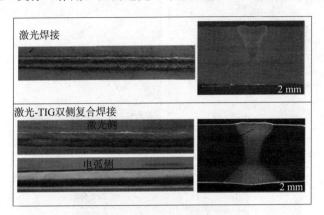

图 8-9　激光焊和激光-TIG 双侧复合焊接焊缝成形($v = 1.0$ m/min)
激光焊($P_l = 1.8$ kW),激光-TIG 双侧复合焊接($P_l = 1.8$ kW,$P_a = 2.7$ kW)

(2) 通过能量匹配改善接头形貌

图 8-10 为铝合金不同激光和电弧能量匹配下的接头形貌。由于激光和电弧从工件两侧同时对称加热,激光-电弧双面焊接焊缝横截面呈现出两侧宽、中间窄的形貌。通过调节激光与电弧能量,可以实现对接头形貌的控制,获得三种典型接头形貌:非对称"X"形 [图 8-10(a)]、对称"X"形 [图 8-10(b)] 和近"H"形 [图 8-10(c)]。

(3) 降低焊缝组织气孔率

由于激光可以实现深熔焊,且焊道往往较为狭窄,冷却速度快,导致焊缝下部会产生较多气孔,影响焊接质量。通过另一侧 TIG 电弧的加热可以显著降低激光深熔焊的冷却速度,进而显著降低气孔率,提高焊接质量。如图 8-11 所示为不同工艺参数下焊缝气孔 X 射线检测图像,可以发现,采用 LTDSW 时通过合理优化参数可以有效地消除气孔缺陷,这是常规的单激光焊接中厚板铝合金及其他难焊材料时难以实现的。

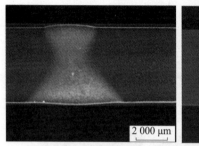
(a) 非对称"X"形接头
(P_l=1.0 kW, P_a=0.8 kW)

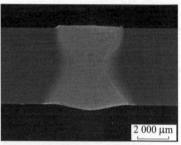
(b) 对称"X"形接头
(P_l=1.2 kW, P_a=1.2 kW)

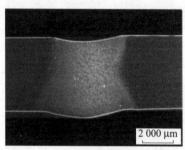
(c) 近"H"形接头
(P_l=1.2 kW, P_a=1.5 kW)

图 8-10　激光-电弧能量匹配下的接头形状（v =1m/min）

单输入	截面形貌	X射线检测照片	气孔率
P_l=1.0 kW P_a=0.8 kW	激光 电弧		>5%
P_l=1.2 kW P_a=1.2 kW	激光 电弧		<2%
P_l=1.2 kW P_a=1.5 kW	激光 电弧		0

图 8-11　不同工艺参数下焊缝气孔 X 射线检测及图像处理

8.4　液态填充辅助激光焊接

激光填丝焊接是一种在激光焊接过程中施加填充焊丝的焊接方法。这种方法已被证明不仅能够避免入射的激光束从拼缝间隙中漏出的问题，而且还能够有效改善焊缝成形和调控焊缝成分，一定程度上提高了焊接接头的性能。然而在激光填丝焊接过程中，填充焊丝往往是以固态的形式送入且不施加其他的热源，填充焊丝主要依靠激光能量熔化而被送入熔池。因此，在焊接过程中，一方面填充焊丝会反射一部分激光能量，影响用于熔化母材的激光能量稳定性，不利于焊缝熔深的增加；另外，填充的固态金属还会对匙孔造成一定的冲击，严重影响匙孔的稳定性，进而影响焊接过程的稳定性，易于在焊接接头中产生气孔等缺陷。针对此，相关研究人员发明了一种液态填充辅助激光焊接的方法，通过施加其他热源用于熔化固态填充焊丝而使填充焊丝以液态的形式进入熔池的方法来改善上述问题。

8.4.1　液态填充辅助激光焊接的基本原理

图 8-12 为电弧预熔丝液态填充辅助激光焊接试验原理图，TIG电源的两极分别与 TIG 焊枪、工件相连，从而在 TIG 焊枪与工件之间建立电弧。激光束与 TIG 电弧之间有一定的距离，焊丝在送入熔池之前利用较少的电弧能量预先熔化。激光能量主要用于形成熔池，而较少的电弧能量主要用来熔化焊丝使其送入熔池之前预先熔化为液态金属。

8.4.2　液态填充辅助激光焊接的特点

传统激光填丝焊接过程中的焊丝送入过程会对激光能量造成一定的消耗，并且会对激光能量产生反射，导致激光能量的不稳定；另外，固态焊丝直接送入匙孔处，会对匙孔造成较大的冲击，导致

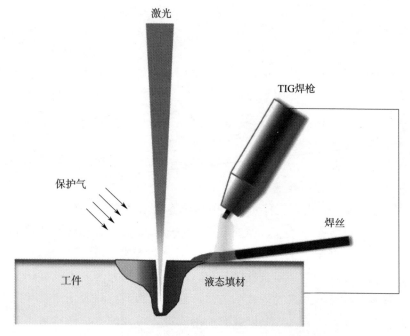

图 8-12　电弧预熔丝液态填充辅助激光焊接原理图

过程的不稳定。

P. W. Fuerschbach 等人进行了电弧辅助液态填充激光焊接技术研究，研究发现液态填充辅助激光焊接具有如下优势：

1) 有效改善传统激光填丝焊接过程稳定性不足的问题。液态填充辅助激光焊接实现了焊丝以液态形式在远离匙孔的位置送入，增大焊丝与匙孔的距离，显著降低焊丝对匙孔、熔池的冲击，提高焊接过程稳定性，如图 8-13 所示。

2) 改善焊缝成形，降低铝合金焊缝气孔率，在高速焊接条件下，仍可获得良好的焊缝成形。焊丝对中偏移容限高于一般的激光填丝焊，极大地改善了焊丝轻微波动对焊缝成形造成的不良影响，如图 8-14 所示。

3) 显著提高焊接速度和焊接适应性。有利于减缓焊丝对匙孔的

(a) 激光液态填充焊　　　　　　　　　　(b) 常规激光填丝焊

图 8-13　液态填充辅助激光焊接与常规激光填丝焊接的匙孔状态

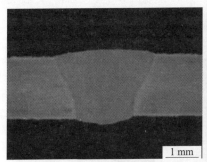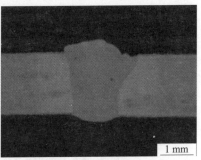

(a) 液态填充辅助激光焊接　　　　　　　(b) 常规激光填丝焊接

图 8-14　液态填充辅助激光焊接与常规激光填丝焊接焊缝横截面

冲击作用。焊速提高时，液态激光填充焊接未出现匙孔底部闭合现象，匙孔壁面均为由下向上的流动趋势，维持匙孔的稳定性；匙孔底部液态金属沿匙孔壁直接向上流动的趋势增强，大大促进底部气泡的逸出速度。

8.4.3　液态填充辅助激光焊接的影响因素

激光填丝焊接过程中的激光能量主要用于焊丝的熔化，而在液态填充辅助激光焊接过程时，激光的能量主要用于形成熔池与匙孔，而焊丝的熔化主要是依靠电弧的热量，焊丝的熔化与进入熔池影响着整个焊接过程的稳定性。因此，除了激光参数会对焊接过程产生影响之外，影响液态填充辅助激光焊接的主要因素为焊接电流、光-丝间距及热源间距等。

8.4.3.1　焊接电流的影响

焊接电流对液态填充辅助激光焊接的影响较大。当焊接电流小于 30 A 时，电弧的能量无法使焊丝的端部熔化，只是起到预热的作用，无法满足焊丝预先熔化成液态金属的要求。

当焊接电流处于 30 A 至 80 A 之间的时候，电弧热量使焊丝前端熔化成液态金属，而较远的焊丝底部依旧为固态形式，当焊丝送进至熔池边缘时，焊丝底部依靠熔池的热对流和热辐射熔化，使得液态金属不断流入熔池中，焊缝表面成形良好。

当焊接电流大于 80 A 时，电弧的热量足以将焊丝前端全部熔化成液态金属，但由于母材表面的温度与液态金属的温度差较大，表面张力会影响焊丝的液态金属向熔池过渡（图 8-15）。

参数	焊缝表面	焊缝背面
I=20 A P=1 800 W		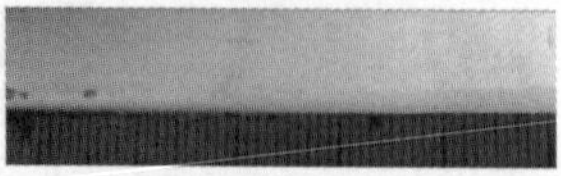
I=30 A P=1 800 W		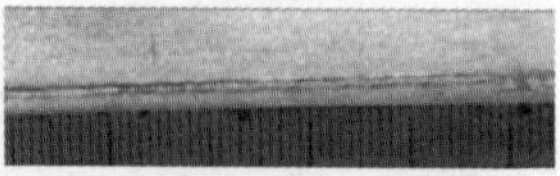
I=70 A P=1 800 W		
I=90 A P=1 800 W		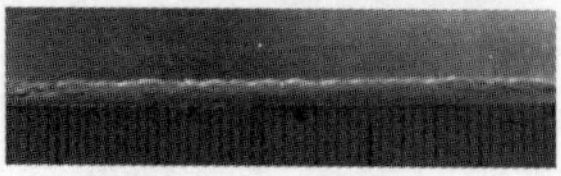

图 8-15　焊接电流对液态填充辅助激光焊接焊缝成形的影响

8.4.3.2　光-丝间距的影响

光-丝间距主要影响焊丝送进的稳定性，进而影响焊缝成形。光-丝间距（D_{LW}）为焊丝端部与激光束轴线的水平距离，光-丝间距的示意图如图 8 - 16 所示。定义当焊丝末端位于激光焦点之前时为正，当焊丝末端位于激光焦点之后时为负。

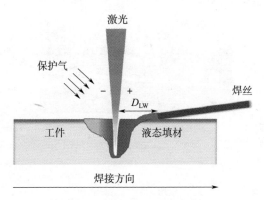

图 8 - 16　光-丝间距示意图

光-丝间距较小时，若为负，则焊丝在电弧热、等离子体和熔池的热辐射作用下熔化，焊丝熔化后与熔池的边缘接触，在表面张力的作用下形成稳定地液桥过渡，进而稳定地流入熔池中；若为正，则焊丝在电弧热的作用下，焊丝上部熔化，随着焊丝继续送进，与熔池接触，在表面张力的作用下也能形成稳定的液桥过渡。但光-丝间距过大时，焊丝与激光束距离变大，焊丝送进过程中容易出现顶丝、焊丝偏离送进方向从而降低焊接稳定性，进而影响焊缝成形。光-丝间距对焊缝形貌的影响如图 8 -17 所示。

8.4.3.3　热源间距的影响

液态填充辅助激光焊接过程中，热源间距（D_{LA}）对焊丝稳定熔化以及液态焊丝稳定过渡到熔池产生很大的影响。图 8 -18 为液态填充辅助激光焊接热源间距（激光束轴线与 TIG 焊枪的钨极尖端之间的距离）示意图。

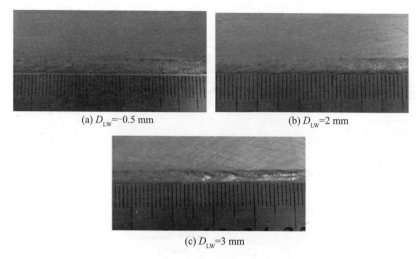

(a) D_{LW}=-0.5 mm　　　　　　　　(b) D_{LW}=2 mm

(c) D_{LW}=3 mm

图 8 - 17　光-丝间距对焊缝形貌的影响

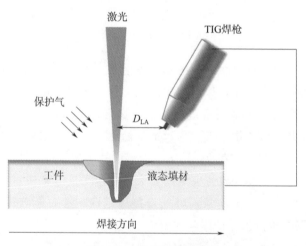

图 8 - 18　热源间距示意图

　　当热源间距较小时，在电弧热源的作用下，焊丝前端能够稳定地熔化，并且稳定地填充进熔池中。当热源间距过大时，焊丝前端熔化的范围变大，但焊丝端部与熔池边缘的距离较远，随着焊丝的持续送进，在热积累的作用下焊丝前端完全熔化成液态金属，无法及时填充进熔池中，严重影响焊缝成形。如图 8-19 所示为热源间距对焊缝形貌的影响。

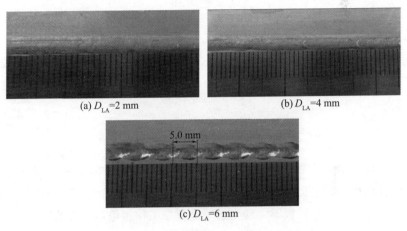

(a) D_{LA}=2 mm

(b) D_{LA}=4 mm

(c) D_{LA}=6 mm

图 8-19　热源间距对焊缝形貌的影响

8.5　激光-变极性等离子弧复合焊接

变极性等离子体（VPPAW）焊接被称为"零缺陷焊接"，其电弧能量集中、焊接热输入小，在厚板铝合金焊接中具有一定优势。加入激光复合后，激光-变极性等离子弧复合焊接（LB-VPPAW）可进一步提高 VPPAW 电弧能量密度和温度，有利于减小焊接总功率，降低铝合金焊接接头软化等问题。

8.5.1　激光-变极性等离子弧复合焊接基本原理

如图 8-20 所示，激光-变极性等离子弧复合焊接是激光和等离子弧作为热源的一种焊接方法。VPPAW 系统主要由 VPPAW 电源及主电路控制系统、循环冷却水箱以及等离子焊枪等组成，激光焊接系统需要激光器、机器人等。

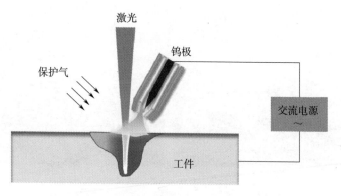

图 8-20　激光-变极性等离子弧复合焊接原理图

等离子弧焊枪通过极性的可控变换，可以获得电流极性和电流值分别可调的电流波形。在工件接电源正极的时段中，工件产热远高于钨极，此时钨极不会发生过热；而在工件接电源负极的时段内，则可以利用"阴极雾化"作用清理焊接区的氧化物。

通常情况下，LB-VPPAW复合焊接系统应达到一些基本使用要求：

1）两种焊接热源的轴线和焊缝轴线应位于同一平面；

2）两种焊接热源在工件上作用点的间距可调；

3）两种焊接热源之间的角度可调；

4）电弧焊的电弧的弧长可调。

8.5.2　激光-变极性等离子弧复合焊接的优势和特点

激光-变极性等离子弧复合焊接在坦克、装甲车、航空航天等领域厚板铝合金的焊接中具有较大的科学研究意义及工程应用价值。其焊接过程具有以下特点：

1）相对于单一VPPAW，激光的加入可以降低正、反极性阶段的电弧电压，且正极性阶段减小幅值较反极性阶段的大，但对VPPAW正、反极性焊接电流没有影响。

2）正极性阶段，由于电流从钨极流向铝合金，电弧将激光产生的光致等离子体压缩在电弧根部，并作用于铝合金试板，有利于加热铝合金来增强 VPPAW 焊穿孔效果。

3）负极性阶段，由于电流从铝合金流向钨极，电弧在激光等离子体的引导下，会在其上方形成一个等离子体柱，虽然激光等离子体柱没有作用于电弧根部，但其通过逆韧致辐射吸收激光能量增加了电弧温度，这对加热铝合金有促进作用。

相对于单激光焊接和单等离子弧焊接而言，激光-变极性等离子弧复合焊接具有如下优势：

1）激光作用于 VPPA 电弧，能够提高自由电子数，使得电流密度增加、导电性增强。

2）激光能够使工件表面电离产生大量自由电子从而使 VPPA 导向性增强，热源的穿透力得到增强。

8.6　振镜激光-电弧复合焊接技术

激光-电弧旁轴复合焊接技术充分利用了激光焊熔深大、热影响区小、焊接速度快和电弧焊桥接能力强、焊缝成形美观等优点，在汽车、造船、石油化工等制造业中得到了较广泛的应用，特别是在厚板焊接过程中充分发挥了"1+1>2"的作用。

在厚板材料焊接过程中，为了提高焊接效率，往往会开深而窄的坡口，采用多层单道焊接方式。若采用普通的激光-电弧复合焊接方法，由于坡口由下而上逐渐变宽，侧壁所接受的热量越来越低，极易造成填充材料与侧壁发生不熔合缺陷；且由于坡口较深，焊缝较窄，焊后冷速较快，极易产生气孔缺陷。为了避免这些缺陷产生，进一步提高激光-电弧复合焊技术在厚板焊接领域的应用，相关研究人员提出了振镜激光-电弧复合焊接技术。

8.6.1　振镜激光-电弧复合焊接原理

振镜激光-电弧复合焊接是在激光-电弧复合焊的基础上加装了

扫描振镜装置。扫描振镜原理大致与电流计相当，只是将电流计中的指针替换成了镜片。基于振镜扫描式的激光-电弧复合焊接的工作原理是将激光束入射到两反射镜（振镜）上，这两个反射镜可分别沿 X、Y 轴扫描，用计算机控制反射镜的反射角度，实现激光束的偏转，使具有一定功率密度的激光聚焦光斑在加工材料上按所需的要求运动，从而达到焊接加工的目的。图 8-21 所示为整个激光复合系统中激光束在振镜作用下发生摆动，而电弧焊枪相对于整个系统是保持静止时，焊枪与光束的相对位置。

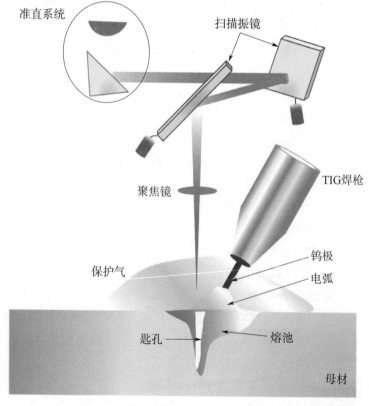

图 8-21　振荡扫描激光束-MIG 复合焊接原理示意图

8.6.2　振镜激光-电弧复合焊接特点

（1）有效改善侧壁未熔合缺陷

在厚板窄间隙焊接过程中，坡口宽度由下而上逐渐变宽，采用多层单道焊接方式，坡口侧壁由于受热不均匀极易与填充金属发生不熔合缺陷。加入振镜后使得激光束能够产生摆动从而对侧壁处能进行充分加热。扫描振镜激光在复合焊接中的应用，同样很好地解决了单道焊过程中侧壁不熔合缺陷。图 8-22 为不同摆动幅度下的振镜激光-热丝 TIG 复合填充焊接过程中第三道填充焊接坡口内焊缝成形对比，可见扫描激光使得填充成形在同样焊接参数下得到较大改善。

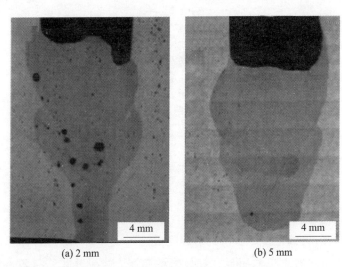

|(a) 2 mm|(b) 5 mm|

图 8-22　不同摆动幅度下振镜激光-电弧复合焊接头截面形貌

（2）细化晶粒，提高强度

一般激光-电弧复合焊接得到的焊缝中存在大量带有方向性的柱状晶，这些柱状晶对焊缝组织的强度有很大的负面影响。而在振镜激光-电弧复合焊接过程中，振镜激光会对熔池产生强烈的搅拌作用，这种搅拌作用能够冲刷柱状晶生长前沿，使部分柱状晶破碎，破碎后的晶粒作为新的形核质点，这样不仅抑制了柱状晶的长大，还促进了晶粒等轴化的转变，从而改善焊缝组织性能，提高焊缝强度，如图8-23展示了扫描振镜激光-TIG复合焊接对于组织细化的优势。

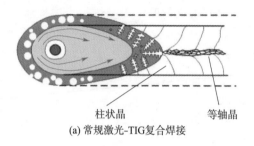

(a) 常规激光-TIG复合焊接

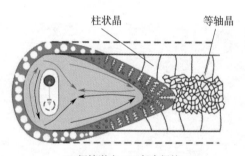

(b) 振镜激光-TIG复合焊接

图8-23　熔池流动对组织形貌的作用机理图

（3）大大减少气孔缺陷

　　激光-电弧复合焊接得到的焊缝激光区十分狭窄，在厚板窄间隙焊接时这种特点更为明显，过长的激光区大大延长了焊接过程中产生的气泡逸出时间，而且激光焊接得到的焊缝冷却速度往往很快，这更大大增加了气泡逸出的难度。而光束对熔池不断地搅拌，使得熔池流动速度增大，增强了熔池的对流行为，有利于气泡的上浮；在来回摆动过程中，对焊缝有重熔的作用，这样可以降低熔池的凝固速度，同时由于热源向摆动路径上扩展，熔池的面积增大，深宽比减小，这有利于气泡的上浮。图8-24为不同扫描频率下振镜激光-电弧复合焊接焊缝气孔无损检测结果。

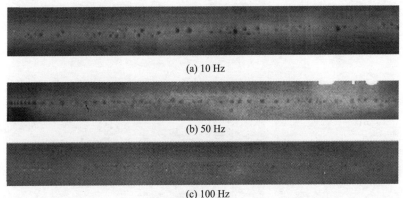

(a) 10 Hz

(b) 50 Hz

(c) 100 Hz

图 8-24　不同扫描频率下振镜激光-电弧复合焊接焊缝气孔无损检测结果

（4）提高激光能量利用率

激光-电弧复合焊接过程中，当采用较大焊接电流时，较强的电弧等离子体对激光具有屏蔽作用，减少激光能量。而摆动的激光可以一定程度上减少复合焊接中电弧等离子体对激光能量的损耗，提高激光能量利用率，稳定小孔行为。

8.6.3　振镜激光-电弧复合焊接焊缝形貌的影响因素

8.6.3.1　激光摆动频率对焊缝成形的影响

摆动激光-热丝 TIG 复合焊接在激光功率为 2 500 W，焊接电流 170 A，光-钨间距取 2 mm 时，选取摆动幅度为 4 mm，摆动频率从 10 Hz 变化至 200 Hz 过程中，焊缝截面形貌如图 8-25 所示，焊缝的熔深随着频率的增大而逐渐减小，最终稳定在 3 mm 左右，而熔宽则始终保持在 5.75 mm 左右波动，这种现象与单摆动激光焊接时频率的影响一致，唯一不同的是熔宽并非稳定在摆动幅度 4 mm 左右（图 8-26），这是由于电弧自身具有一定宽度且其宽度大于预设摆幅。

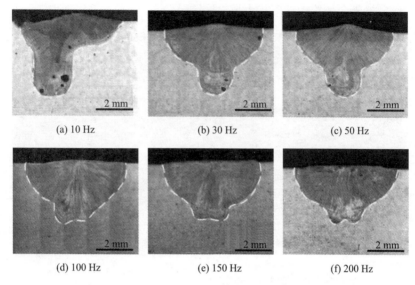

(a) 10 Hz　　　　　　　　(b) 30 Hz　　　　　　　　(c) 50 Hz

(d) 100 Hz　　　　　　　(e) 150 Hz　　　　　　　(f) 200 Hz

图 8 - 25　不同扫描频率下焊缝截面形貌

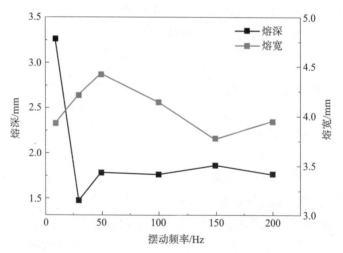

图 8 - 26　不同摆动频率下焊缝熔深及熔宽

8.6.3.2　激光摆动幅度对焊缝成形的影响

摆动幅度指光束焊接过程中垂直于焊缝方向的移动宽度，其大小影响激光能量的分散程度。在激光-TIG 复合焊接中，控制摆动轨迹垂直于焊缝，摆动频率为 100 Hz，摆幅范围由 1 mn 增加至 5 mm。焊缝表面成形及截面图如图 8-27 所示，当摆动幅度为 1 mm 时，焊缝周围存在较多细小飞溅，且焊缝底部存在较多气孔缺陷，这是因为此时摆幅较小，摆动激光焊接接近于无摆动的激光焊，焊接过程稳定性低从而产生飞溅和气孔缺陷，随着摆幅增大，焊缝中气孔越来越少，摆动幅度大于 3 mm 后，焊缝已无气孔缺陷。观察图 8-28 可知，焊缝熔深一直呈下降趋势，熔宽大体上呈上升趋势，深宽比呈减小趋势，整个过程是焊接模式由深熔焊向热导焊转变的过程。

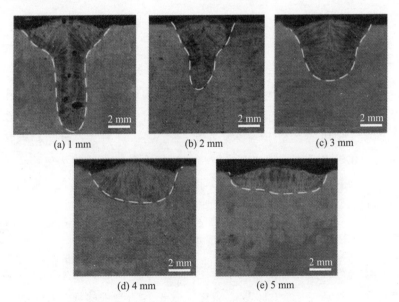

(a) 1 mm　　　　(b) 2 mm　　　　(c) 3 mm

(d) 4 mm　　　　(e) 5 mm

图 8-27　不同摆动幅度下焊缝截面形貌

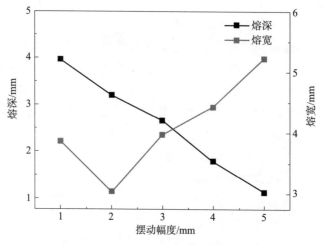

图 8 - 28　不同摆动幅度下焊缝熔深及熔宽

8.7　激光-埋弧复合焊接技术

厚壁结构钢板的连接是一个值得关注的工艺和经济优化领域。典型的应用领域是管道（纵向焊接管道）和风能部门（接地和塔式结构），其中，壁厚达 100 mm 和超过 100 mm 的管道需要及时有效地连接。采用的典型工艺是埋弧焊（SAW）。针对大厚度结构钢板采用埋弧焊接时往往需要开大坡口，消耗大量焊丝才能实现接头的连接，而利用激光热源的高熔透能力，可以减小坡口填充带来的一系列问题。因此，激光埋弧复合焊接方法应运而生。

8.7.1　激光-埋弧复合焊接的基本原理

激光埋弧复合焊接原理示意图如图 8 - 29 所示，日本的熔合和焊接研究所通过结合20 kW二氧化碳激光器和改进的埋弧设备第一次实现了激光埋弧复合焊接。如图 8 -29 (a)所示，将激光与埋弧焊组合在一起进行焊接时，由于激光束直接作用于埋弧焊的焊剂，会在匙孔上方产生过量的等离子羽流，该羽流吸收大部分激光功率，容易导致匙孔坍塌，使得焊缝深度显著减小。因此，为了成功地将激光束与埋弧进行耦合，需要安全地将焊剂与激光束隔离开来。为此，亚琛工业大学采用了分离板成功地将激光束与焊剂隔离开来，并实现了激光与埋弧的耦合。如图 8-29（b）所示，分离板位于激光束和焊炬之间，距离工件表面不远，既保证焊剂不会落入激光束中，分离板也不会卡在埋弧过程的液态渣中。

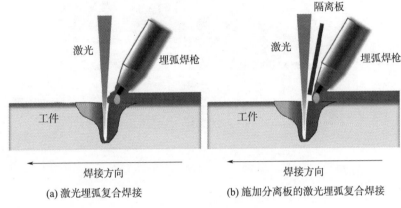

(a) 激光埋弧复合焊接　　　　　(b) 施加分离板的激光埋弧复合焊接

图 8-29　激光埋弧复合焊接示意图

8.7.2　激光-埋弧复合焊接接头的设计

　　如图 8-30 所示，激光埋弧复合焊接接头主要包括埋弧焊枪、激光头、分离板及保护气喷嘴。在这种结构中，保护气流一方面用于控制匙孔上方的激光诱导等离子体，另一方面用于去除从分离板和工件表面之间的间隙落下的焊剂，从而避免在匙孔上方的激光束中形成过量等离子体，影响焊接过程。

　　由于激光埋弧复合焊接特殊的方法设计，必须考虑激光复合焊接过程中没有出现的一些参数，除分离板与工件之间的距离之外，还应考虑分离板的倾斜角度和保护气流量。如果倾斜角太大，分离板则会被激光束照射；如果倾斜角太小，板与填充丝之间可能会产生电弧；保护气流量必须保持尽量的小，这是因为保护气流量较大时，埋弧焊的电弧可能会被吹走，容易在焊缝中形成气孔。

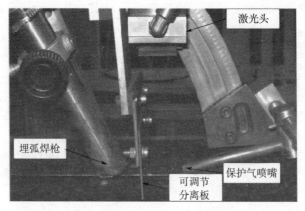

图 8 - 30　激光埋弧复合焊接接头

参 考 文 献

［1］ WANG L，LIU Y，YANG C，et al. Study of porosity suppression in oscillating laser – MIG hybrid welding of AA6082 aluminum alloy ［J］. Journal of Materials Processing Technology，2021（2）：117053.

［2］ W M STEEN. Arc Augmented Laser Processing of Materials ［J］. Journal of Applied Physics，1980，51（11）：5636 – 5641.

［3］ 陈彦宾. 现代激光焊接技术 ［M］. 北京：科学出版社，2005.

［4］ 陈彦宾. 激光-TIG 复合热源焊接物理特性研究 ［D］. 哈尔滨：哈尔滨工业大学，2003：96 – 102.

［5］ TISHIDE，M NAYAMA. Coaxial TIG – YAG & MIG – YAG Welding Methods ［J］. Welding International，2001，15（12）：940 – 945.

［6］ 杨海锋. 铝合金高功率双光束激光及与 TIG 复合焊接特性研究 ［D］. 北京：机械科学研究总院，2016.

［7］ S NAGATA，M KATSUMMURA，J MATSUDA，et al. Laser Welding Combined with TIG or MIG ［C］. IIW – Doc. IV，1985：385 – 390.

［8］ 雷正龙. CO_2 激光- MIG 复合热源焊接铝合金的熔滴过渡行为研究 ［D］. 哈尔滨：哈尔滨工业大学，2006：27 – 53.

［9］ 高明. CO_2 激光-电弧复合焊接工艺、机理及质量控制规律研究 ［D］. 武汉：华中科技大学，2007：30 – 122.

［10］ J BIFFIN，R WALDUCK. Plasma Arc Augmented Laser Welding（PLAW）［C］. Proc. Eurojoin II，1994：295 – 304.

［11］ J BIFFIN，N BLUNDELL，T JOHNSON. Enhancing the Performance of Industrial Lasers with a Plasma Arc ［C］. The 5th International Conference on Trends in Welding Research，Pine Mountain，USA，June 1 – 5，1998：492 – 495.

［12］ S H YOON，J R HWANG，S J NA. A Study on the Plasma – augmented

Laser Welding for Small – diameter STS Tubes [J]. International Journal of Advanced Manufacturing Technology, 2007, 32: 1134 – 1143.

[13] P T SWANSON, C J PAGE, E READ, et al. Plasma Augmented Laser Welding of 6 mm Steel Plate [J]. Science and Technology of Welding and Joining, 2007, 12 (2): 153 – 160.

[14] 宋刚. 镁合金低功率激光-氩弧复合焊接技术研究 [D]. 大连: 大连理工大学, 2006: 41 – 75.

[15] 郝新锋. 低功率 YAG 激光＋TIG 复合热源焊接技术研究 [D]. 大连: 大连理工大学, 2010: 33 –42.

[16] 黄瑞生. 低功率 YAG 激光＋MAG 复合热源焊接技术研究 [D]. 大连: 大连理工大学, 2010: 47 –85.

[17] L ZHAO, S TSUKAMOTO, G ARAKANE, et al. Influence of Oxygen on Weld Geometry in Fibre Laser and Fibre Laser – GMA Hybrid Welding [J]. Science and Technology of Welding and Joining, 2011, 16 (2): 166 – 173.

[18] CUI LI, KUTUSNA MUNEHARUA, SIMIZU TAKAO, et al. Fiber Laser – GMA Hybrid Welding of Commercially Pure Titanium [J]. Materials and Design, 2009, 30: 109 – 114.

[19] X CAO, P WANJARA, J HUANG, et al. Hybrid Fiber Laser – Arc Welding of Thick Section High Strength Low Alloy Steel [J]. Materials and Design, 2011, 32: 3399 – 3413.

[20] 雷振. 激光-电弧复合焊接技术国内研究现状及典型应用 [J]. 焊接, 2018 (12): 1 – 5.

[21] 李若杨. 厚板窄间隙多层单道激光-电弧复合焊接过程稳定性的研究 [D]. 武汉: 华中科技大学, 2017.

[22] U STUTE, R KLING, J HERMSDORF. Interaction between Electrical Arc and Nd: YAG Laser Radiation [J]. Annals of the CIRP, 2007, 56 (1): 197 – 200.

[23] B HU, G DEN OUDEN. Laser Induced Stabilisation of the Welding Arc [J]. Science and Technology of Welding and Joining, 2005, 10 (1):

76 - 81.

[24] J PAULINI, G SIMON. A Theoretical Lower Limit for Laser Power in Laser - enhanced Arc Welding [J]. Journal of Physics D: Applied Physics, 1993, 26: 1523 - 1527.

[25] 陈彦宾. 激光-TIG 复合热源焊接物理特性研究 [D]. 哈尔滨: 哈尔滨工业大学, 2003: 96 - 102.

[26] CHEN YANBIN, LEI ZHENGLONG, LI LIQUN, et al. Experimental Study on Welding Characteristics of CO_2 Laser TIG Hybrid Welding Process [J]. Science and Technology of Welding and Joining, 2006, 11 (4): 403 - 411.

[27] 宋刚. 镁合金低功率激光-氩弧复合焊接技术研究 [D]. 大连: 大连理工大学, 2006: 41 - 75.

[28] B W SHINN, D F FARSON, P E DENNEY. Laser Stabilisation of Arc Cathode Spots in Titanium Welding [J]. Science and Technology of Welding and Joining, 2005, 10 (4): 475 - 481.

[29] 吴世凯. 激光-电弧相互作用及激光- TIG 复合焊接新工艺研究 [D]. 北京: 北京工业大学, 2010: 39 - 66.

[30] FRANK VOLLERTSEN, CLAUS THOMY. Laser - arc Hybrid Welding - Recent Advances in Research and Application [C]. Proceedings of PICALO 2010, Wuhan, China. 2010, Paper 501.

[31] M SCHNICKA, S ROSE, U FUSSEL, et al. Experimental and Numerical Investigations of the Interaction between A Plasma Arc and A Laser [C]. 2010, Doc. 212 -1164 - 10.

[32] A MAHRLE, M SCHNICK, S ROSE, et al. Process Characteristics of Fibre - laser - assisted Plasma Arc Welding [J]. Journal of Physics D: Applied Physics, 2011, 44: 345502.

[33] SUCK - JOO NA, JUNSU AHN. A Study on Laser - Matter Interaction in Laser - Arc Hybrid Welding [C]. IIW 2008 in Graz, Austria. Doc. 212 - 1120 - 08.

[34] LU DENGPING, ZHANG SHAOBIN. Study on Mechanism of Mutual

Effect between Laser and Arc & Its Effect on Weld Penetration [J]. China Welding, 1993, 2 (2): 104 - 108.

[35] 胡绳荪, 张绍彬, 赵家瑞. 电弧强化激光焊 [J]. 焊接学报, 1993, 14 (3): 159 - 163.

[36] 陈俐, 段爱琴. YAG 激光等离子弧复合焊接热源光谱特征分析 [J]. 电加工与模具, 2007, 6: 18 - 21.

[37] YOUNGTAE CHO, SUCK - JOO NA. Temperature Measurement of Laser Arc Hybrid Welding Plasma [C]. Proceedings of ICALEO 2003, Jacksonville, USA. 2003, Paper 1063.

[38] 黄瑞生. 低功率 YAG 激光＋MAG 复合热源焊接技术研究 [D]. 大连: 大连理工大学, 2010: 47 - 85.

[39] LIMING LIU, RUISHENG HUANG, GANG SONG, et al. Behavior and Spectrum Analysis of Welding Arc in Low - Power YAG - Laser - MAG Hybrid - Welding Process [J]. IEEE Transaction on plasma science, 2008, 36 (4): 1937 - 1943.

[40] 郝新锋. 低功率 YAG 激光＋TIG 复合热源焊接技术研究 [D]. 大连: 大连理工大学, 2010: 33 - 42.

[41] LIMING LIU, XINFENG HAO. Study of the Effect of Low - power Pulse Laser on Arc Plasma and Magnesium Alloy Target in Hybrid Welding by Spectral Diagnosis Technique [J]. Journal of Physics D: Applied Physics, 2008, 41: 205202.

[42] XINFENG HAO, LIMING LIU. Effect of Laser Pulse on Arc Plasma and Magnesium Target in Low - Power Laser/Arc Hybrid Welding [J]. IEEE Transaction on plasma science, 2009, 37 (11): 2197 - 2201.

[43] B RIBIC, P BURGARDT, T DEBROY. Optical Emission Spectroscopy of Metal Vapor Dominated Laser - arc Hybrid Welding Plasma [J]. Journal of Applied Physics, 2011, 109: 083301.

[44] 高学松. 搭接接头摆动激光-GMAW 复合焊接传热过程与熔池流场的数值分析 [D]. 济南: 山东大学, 2019.

[45] WU C S, ZHANG H T, CHEN J. Numerical simulation of keyhole

behaviors and fluid dynamics in laser – gas metal arc hybrid welding of ferrite stainless steel plates ［J］. Journal of Manufacturing Processes，2017，25：235 – 245.

［46］　GAO X S，WU C S，GOECKE S F，et al. Numerical simulation of temperature field，fluid flow and weld bead formation in oscillating single mode laser – GMA hybrid welding ［J］. Journal of Materials Processing Technology，2017，242：147 – 159.

［47］　张勋. 外加纵向磁场辅助激光-MIG 复合焊接工艺研究 ［D］. 武汉：华中科技大学，2017.

［48］　GATZEN M. Influence of Low – frequency Magnetic Fields During Laser Beam Welding of Aluminium with Filler Wire ［J］. Physics Procedia，2012，39.

［49］　黎炳蔚. 激光-CMT 电弧复合焊接熔滴过渡行为研究 ［D］. 哈尔滨：哈尔滨工业大学，2017.

［50］　赵耀邦. 激光-TIG 电弧双侧作用下电弧行为研究 ［D］. 哈尔滨：哈尔滨工业大学，2012.

［51］　吴艺超. 铝合金激光-TIG 双面复合焊接特性分析 ［D］. 哈尔滨：哈尔滨工业大学，2014.

［52］　FUERSCHBACH P W，DUCK D L，BERTRAM L E ，et al. Laser Assisted Micro Wire GMAX and Droplet Welding. 2002.

［53］　韩永全，庞世刚，姚青虎，等. 铝合金 LB – VPPA 复合焊接热源特性 ［J］. 焊接学报，2015，36（03）：23 – 26＋2.

［54］　A Z J，A X C，B H L，et al. Grain refinement and laser energy distribution during laser oscillating welding of Invar alloy – Science Direct ［J］. Materials & Design，2019，186.

［55］　RONG Y，XU J，CAO H. Influence of steady magnetic field on dynamic behavior mechanism in full penetration laser beam welding ［J］. Journal of Manufacturing Processes，2017，26：399 – 406.

［56］　柏兴旺，张海鸥，王桂兰. 外加磁场下 GMAW 熔池电磁力的有限元计算 ［J］. 焊接学报，2016，37（01）：46 – 50.

[57]　CHEN J，WEI Y，ZHAN X. Melt flow and thermal transfer during magnetically supported laser beam welding of thick aluminum alloy plates [J]. Journal of Materials Processing Technology，2018，254：325 - 337.

[58]　CHEN J，WEI Y，ZHAN X. Influence of magnetic field orientation on molten pool dynamics during magnet - assisted laser butt welding of thick aluminum alloy plates [J]. Optics & Laser Technology，2018，104：148 - 158.

[59]　孙清洁，李文杰，胡海峰. 厚板 Ti - 6Al - 4V 磁控窄间隙 TIG 焊接头性能 [J]. 焊接学报，2013，34（02）：9 - 12.

[60]　余圣甫，张友寿，谢志强. 旋转磁场对激光焊缝金属显微组织的影响 [J]. 华中科技大学学报（自然科学版），2005，33（12）：24 - 26.

[61]　FRITZSCHE A，HILGENBERG K，TEICHMANN F. Improved degassing in laser beam welding of aluminum die casting by an electromagnetic field [J]. Journal of Materials Processing Technology，2018，253：51 - 66.

[62]　李俐群，陶汪，朱先亮. 厚板高强钢激光填丝多层焊工艺 [J]. 中国激光，2009，36（5）：1251 - 1255.

[63]　彭进，李福泉，李俐群，等. 激光液态填充焊与常规激光填丝焊特性的对比研究 [J]. 中国激光，2015，42（1）.

[64]　彭进，李俐群，林尚扬，等. 铝合金液态填充焊的工艺特性分析 [J]. 焊接学报，2014，35（010）：45 - 48.

[65]　陈新亚. 激光 - MAG 复合摆动焊的焊接特性研究 [D]. 哈尔滨：哈尔滨工业大学，2015.

[66]　韩永全，吕耀辉，陈树君，等. 变极性等离子电弧形态对电弧力的影响 [J]. 焊接学报，2005.

[67]　庞世刚. 铝合金 LB - VPPA 复合焊接热源特性及工艺研究 [D]. 呼和浩特：内蒙古工业大学，2015.

[68]　雷振，王旭友，王威，等. 基于纯氩保护气体的 304 不锈钢激光 - CMT 电弧复合热源焊接试验研究 [J]. 焊接，2010，000（008）：18 - 22.

[69]　朱平国，陆鞾，陈春，等. 超高强度钢光纤激光 - CMT 复合焊接成形控制 [J]. 焊接，2018，000（012）：28 - 32.

[70] 陈荣. 磁场辅助激光-MIG 复合焊接对 316L 焊缝组织与性能影响的研究 [D]. 武汉：华中科技大学，2018.

[71] 王磊. 高强铝合金振荡扫描激光束-电弧复合焊接工艺与机理研究 [D]. 武汉：华中科技大学，2018.

[72] 苗玉刚. 铝合金激光-TIG 双面焊接特性与能量作用机制研究 [D]. 哈尔滨：哈尔滨工业大学，2008.

[73] 陈鑫. 激光-电/磁复合焊接数学模型及多场耦合作用机制研究 [D]. 武汉：华中科技大学，2018.

[74] 张臣. 铝合金激光-电弧复合焊接等离子体光谱诊断及接头强化机制研究 [D]. 武汉：华中科技大学，2014.

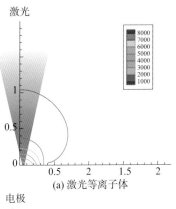

(a) 激光等离子体

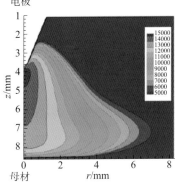

(b) 电弧等离子体

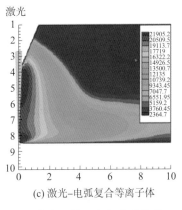

(c) 激光-电弧复合等离子体

图 2-11　等离子体温度场数值模拟（P37）

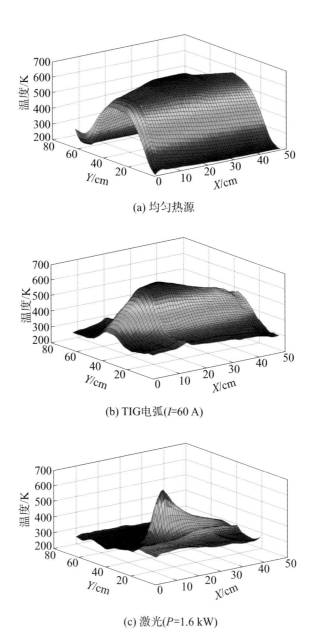

(a) 均匀热源

(b) TIG电弧(I=60 A)

(c) 激光(P=1.6 kW)

图 3-20　三种热源预热作用下的铝合金工件背面温度场分布（v =2 m/min）（P68）

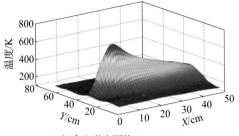

(a) 铝合金激光预热(P=1.6 kW)

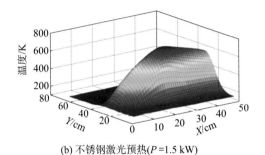

(b) 不锈钢激光预热(P=1.5 kW)

图 3-22 不同材料激光预热工件背面温度场分布
（I=60 A，v=1.0 m/min）（P70）

温度

图 3-23 TIG 电弧焊温度场分布（I=60 A，v=1.0 m/min）（P71）

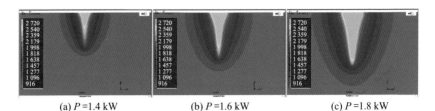

(a) $P = 1.4$ kW   (b) $P = 1.6$ kW   (c) $P = 1.8$ kW

图 3 - 24 不同激光功率下激光焊温度场分布（$v = 1.0$ m/min）（P72）

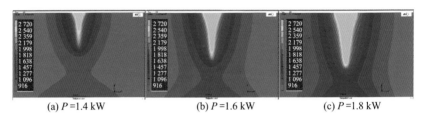

(a) $P = 1.4$ kW   (b) $P = 1.6$ kW   (c) $P = 1.8$ kW

图 3 - 25 不同激光功率下激光-电弧双侧焊接接头形貌及温度场分布
（$I = 60$ A，$v = 1.0$ m/min）（P72）

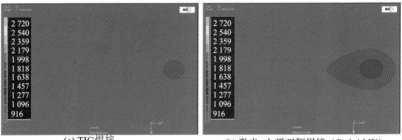

(a) TIG 焊接   (b) 激光-电弧双侧焊接（$P=1.4$ kW）

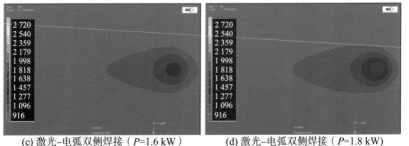

(c) 激光-电弧双侧焊接（$P=1.6$ kW）   (d) 激光-电弧双侧焊接（$P=1.8$ kW）

图 3 - 27 TIG 焊接以及激光-电弧双侧焊接过程中电弧侧熔池形貌及温度场分布
（$I = 60$ A，$v = 1$ m/min）（P73）

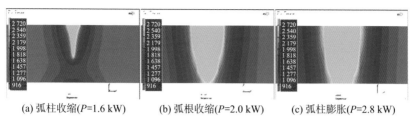

(a) 弧柱收缩(P=1.6 kW)　　　(b) 弧根收缩(P=2.0 kW)　　　(c) 弧柱膨胀(P=2.8 kW)

图 3-34　典型电弧形态所对应的焊缝横截面温度场分布

（I = 60 A，v = 1 m/min）（P78）

(a) 单TIG电弧　　　　　(b) 激光等离子体　　　　　(c) 弧根收缩电弧

图 3-39　电弧、激光等离子体以及弧根压缩电弧形貌（P85）

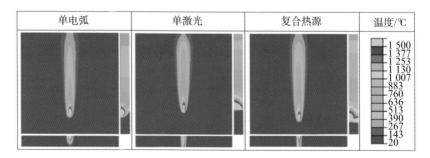

图 4-8　单电弧、单激光及复合焊接头表面温度场对比（P119）

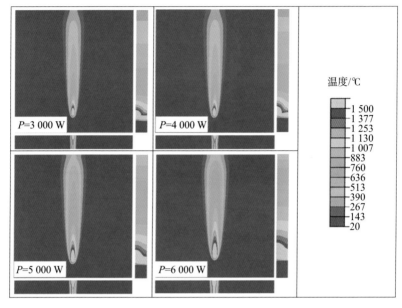

图 4-9   不同热输入下的复合焊温度场（P120）

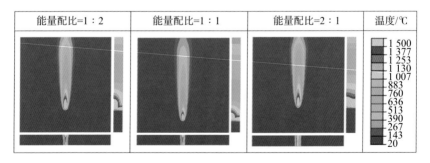

图 4-10   不同能量配比下的激光-电弧复合焊接温度场（P121）

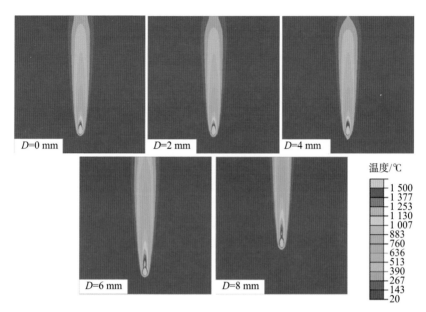

温度/℃
1 500
1 377
1 253
1 130
1 007
883
760
636
513
390
267
143
20

图 4 - 11   不同光-丝间距下的激光-电弧复合焊接温度场（P122）

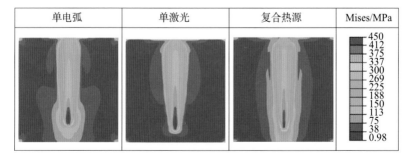

单电弧	单激光	复合热源	Mises/MPa

450
412
375
337
300
269
225
188
150
113
75
38
0.98

图 4 - 12   不同热源条件下的焊接过程应力场分布（P129）

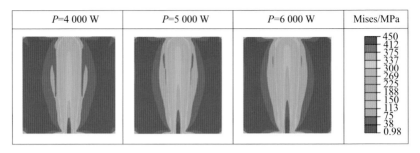

图 4-13　不同热输入下的激光-电弧复合焊接过程应力场分布（P130）

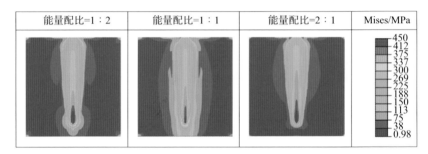

图 4-14　不同能量配比的激光-电弧复合焊接过程应力场分布（P130）

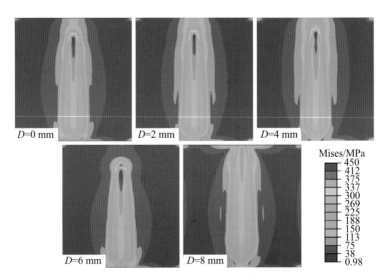

图 4-15　不同光-丝间距下的激光-电弧复合焊接过程应力场分布（P131）

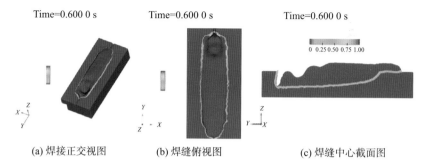

(a) 焊接正交视图   (b) 焊缝俯视图   (c) 焊缝中心截面图

图 5-5 激光-MIG 复合焊接焊缝形貌（$t = 0.6$ s）（P149）

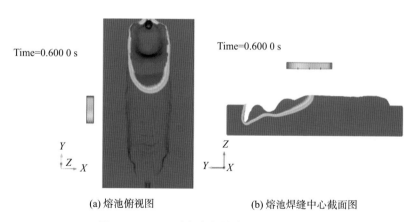

(a) 熔池俯视图   (b) 熔池焊缝中心截面图

图 5-6 0.6 s 时复合焊接熔池形貌（P150）

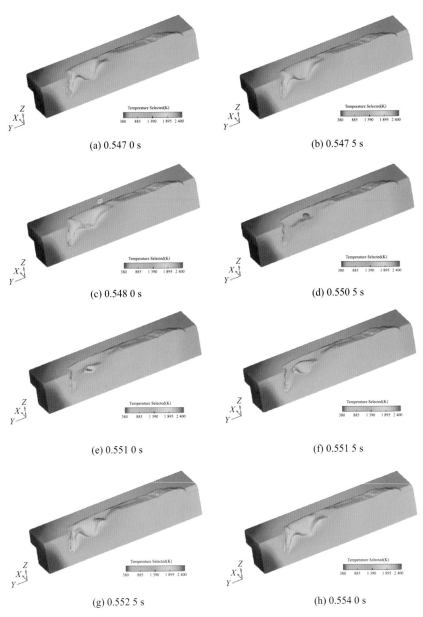

图 5 - 7　激光-电弧复合焊接熔滴生成前后熔池温度场云图（P151）

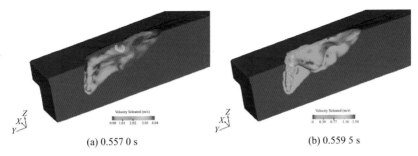

(a) 0.557 0 s

(b) 0.559 5 s

图 5 - 8　熔滴及熔池速度云图（P152）

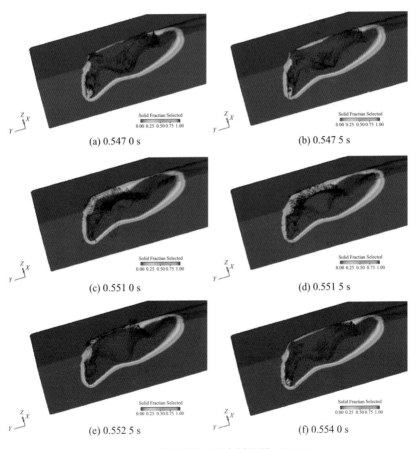

(a) 0.547 0 s

(b) 0.547 5 s

(c) 0.551 0 s

(d) 0.551 5 s

(e) 0.552 5 s

(f) 0.554 0 s

图 5 - 9　熔池流动速度半剖视图（P153）

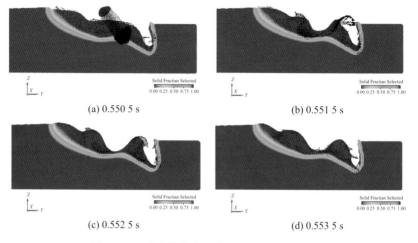

(a) 0.550 5 s

(b) 0.551 5 s

(c) 0.552 5 s

(d) 0.553 5 s

图 5-10　熔池纵向中心截面流动速度（P154）

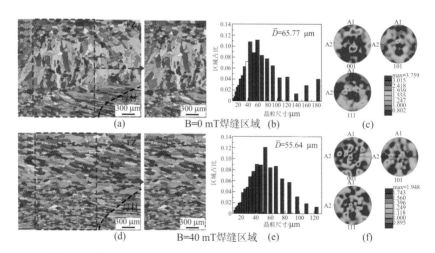

(a)　　　　　B=0 mT焊缝区域　(b)　　　　　(c)

(d)　　　　　B=40 mT焊缝区域　(e)　　　　　(f)

图 8-4　有无磁场下的铝合金激光-电弧复合焊缝晶粒分布（P202）